Midjourney AI生图与修图从入门到精通

郑志强 编著

人民邮电出版社
北京

图书在版编目（CIP）数据

Midjourney AI 生图与修图从入门到精通 / 郑志强编著. -- 北京 : 人民邮电出版社, 2024. 9. -- ISBN 978-7-115-64730-6

Ⅰ. TP391.413

中国国家版本馆 CIP 数据核字第 2024YL1529 号

内 容 提 要

本书从 Midjourney 概述、注册与初始设置开始，陆续讲解了 Discord 与 Midjourney 控制技巧、Midjourney 文生图操作与命令详解、Midjourney 常规命令与设置命令的使用技巧、Midjourney 常用参数使用方法与技巧、图片放大后的进一步修图与管理、以图生图/融图与垫图的技巧、提示词的撰写规律等基础知识，帮助读者全方位掌握 Midjourney 的使用技巧。之后，又详细介绍了 Midjourney 在摄影领域、设计领域的应用，以及用 Midjourney 实现换脸的技巧。最后，本书给出了多个借助 Photoshop 对用人工智能（AI）生成的图进行修改与合成的案例。

本书内容全面，知识点由浅入深，讲求学习的循序渐进和逻辑性，适合平面设计从业人员及对 AI 生图技术感兴趣的读者阅读。

◆ 编　著　郑志强
责任编辑　李永涛
责任印制　王　郁　胡　南

◆ 人民邮电出版社出版发行　北京市丰台区成寿寺路 11 号
邮编　100164　电子邮件　315@ptpress.com.cn
网址　https://www.ptpress.com.cn
天津市银博印刷集团有限公司印刷

◆ 开本：700×1000　1/16
印张：15　　2024 年 9 月第 1 版
字数：283 千字　　2024 年 9 月天津第 1 次印刷

定价：79.90 元

读者服务热线：(010)81055410　印装质量热线：(010)81055316
反盗版热线：(010)81055315
广告经营许可证：京东市监广登字 20170147 号

前言

Midjourney是一款由David Holz创建的AI绘图工具，它利用深度学习和自然语言处理技术，允许用户通过输入简单的文本生成高质量的图片。这款工具自2022年首次亮相以来，受到广大设计师、艺术家和创意工作者的高度关注。

在创意设计领域，AI绘图技术为设计师提供了一种全新的创作方式，他们可以通过文字描述来快速生成概念图，从而节省大量绘图和建模的时间。这种技术有望在广告、电影制作、游戏设计等领域发挥巨大作用。

在艺术创作领域，AI绘图技术提供了无限的创意空间。无论是概念艺术、抽象艺术还是具象艺术，AI绘图技术都能根据文字描述生成独特的艺术作品，这无疑为艺术家提供了更多灵感来源和创作可能。

在科研、虚拟现实等领域，AI绘图技术也会产生较大影响，并且随着科技的不断发展，这项技术将在更多领域得到应用。

当前，Midjourney是性能较好、普及度较高的AI绘图工具，本书以此为基础进行讲解，带领广大读者学习AI绘图的基本逻辑与技巧。相信读者通过本书的学习，可以很轻松地用AI绘图工具生成足够优秀的作品，并解决自己在工作和所从事行业当中遇到的大量问题。

郑志强

2024年4月

目录

第4章 Midjourney设置命令的全方位应用 055

第5章 图片升频、修图、扩图与管理 064

第6章 Midjourney常用参数的使用方法与技巧 080

第7章 以图生图、融图与垫图的技巧 101

第8章 提示词的撰写与规律 114

第9章 Midjourney在摄影领域的应用 123

第10章 Midjourney在设计领域的应用 160

01

第1章 初识Midjourney与Discord

—— 本章要点

- Midjourney与Discord简介。
- Midjourney对各行业的影响。
- Discord的下载、注册与设置。

1.1 Midjourney与Discord简介

Midjourney是一款AI绘图工具，自2022年3月问世以来，凭借其卓越的功能和不断优化的性能，在全球范围内广受好评。在Midjourney的对话框中输入提示词，Midjourney即可根据输入内容生成相应图片。随着Midjourney版本的持续升级，这款应用于Discord社区的优秀工具逐渐走红，成为全球关注的焦点。

Midjourney在众多AI绘图工具中独树一帜，这得益于其利用全网图片训练的模型。无论生成的图片内容类型如何，Midjourney所创作的图片均具有出色的表现力。相较之下，Adobe Firefly、DALL・E等工具仅基于部分国外商业图库进行模型训练，因此在生图能力、细节和质感方面均存在局限。此外，这些工具在对大量包含中国元素的提示词的识别方面表现欠佳。

图1-1所示为在Midjourney中生成的提示词为Kanas（喀纳斯）的图片。

Midjourney是一款部署在Discord平台上的应用程序，而Discord本质上是一款即时通信软件。因此，在使用Midjourney时，用户须先注册Discord账号，进而添加Midjourney。这一过程类似于在我国使用特定小程序的过程：首先下载微信并注册账号，随后在微信内添加对应的小程序。

图 1-1

添加Midjourney后，在Discord中可以看到左侧的Midjourney服务器及中间的工作界面，如图1-2所示。

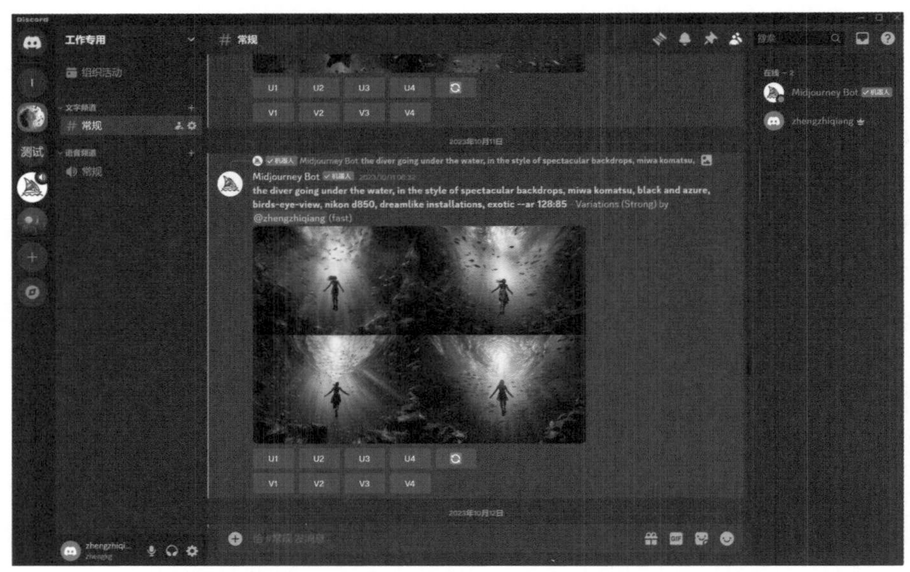

图 1-2

需注意的是，现阶段的Midjourney仅具备识别英文提示词的功能，并且须付费订阅后方能进行AI绘图创作。针对中文用户，可通过某些翻译软件或具备翻译功能的网页，将中文转换为英文，进而输入提示词。图1-3所示为谷歌翻译界面。

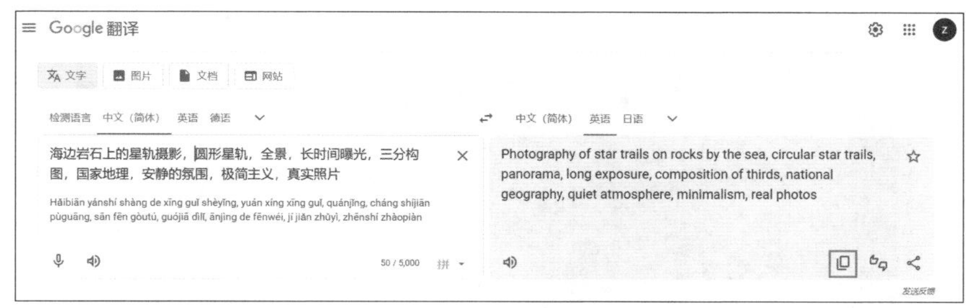

图 1-3

1.2 Midjourney对各行业的影响

1. 对游戏行业的影响

Midjourney在游戏行业的应用具有潜在的革命性，对游戏插画师这一职业可能产生深远影响。过去需数百人协同创作的游戏场景、角色及道具，如今可通过Midjourney迅速实现，并提供更为丰富的策划与概念设计。这不仅能提升游戏开发进度，优化视觉效果和用户体验，还可大幅度降低成本。图1-4所示为利用Midjourney生成的游戏画面。

图 1-4

2. 对艺术绘画行业的影响

Midjourney的应用能对艺术创作领域产生深远的影响。在传统绘画中，艺术家需具备丰富的技巧和创造力。然而，Midjourney利用机器学习和深度学习算法，能够模拟艺术家的绘画风格和技巧，这不仅使艺术作品的创作过程更为高效，还能为艺术家提供广泛的创作启示。图1-5所示为利用Midjourney生成的绘画作品。

图 1-5

3. 对广告设计行业的影响

Midjourney在广告设计行业发挥着重要作用。借助Midjourney，广告公司能高效地创造出各类广告创意图案，这不仅可节省人力成本，还可提升广告设计的品质和效益。Midjourney能够根据广告目标受众和市场需求，自动生成符合特定风格和主题的广告素材。图1-6所示为利用Midjourney生成的珠宝设计画面。

图 1-6

4. 对建筑设计行业的影响

在建筑外观及室内设计领域，Midjourney的影响颇深。设计师可借助Midjourney迅速生成建筑（包括室外和室内）设计方案的草图与效果图。这不仅可提升设计师的工作效能，还有助于客户更全面地理解和预览设计方案。图1-7所示为利用Midjourney设计的建筑外观。

图1-7

5. 对摄影行业的影响

Midjourney中有众多与摄影相关的提示词，能够针对风景、人像、纪实、微距、静物、商品摄影等题材生成逼真的图片，这些图片具备丰富的细节和真实的质感，生成的图片水准能够达到甚至超越专业摄影师的水准。图1-8所示为利用Midjourney生成的风景题材图片。

图1-8

6. 对其他行业的影响

除前文提到的行业，事实上，Midjourney对涉及图像应用的各行各业都将产生显著影响。对于广大从业者而言，应对AI绘图设计带来的挑战，适应这一变革，才是明智之举，规避变化终究会导致自身利益受损。图1-9所示为利用Midjourney创作的创意图片。

图1-9

1.3 Discord的下载、注册与设置

接下来，我们将详细阐述在Windows操作系统上下载、安装Discord应用、注册账号和进行常规设置的步骤。

1. 访问Discord官方网站。网站将自动识别用户的设备类型，单击“Windows版下载”按钮以开始下载Discord应用，如图1-10所示。

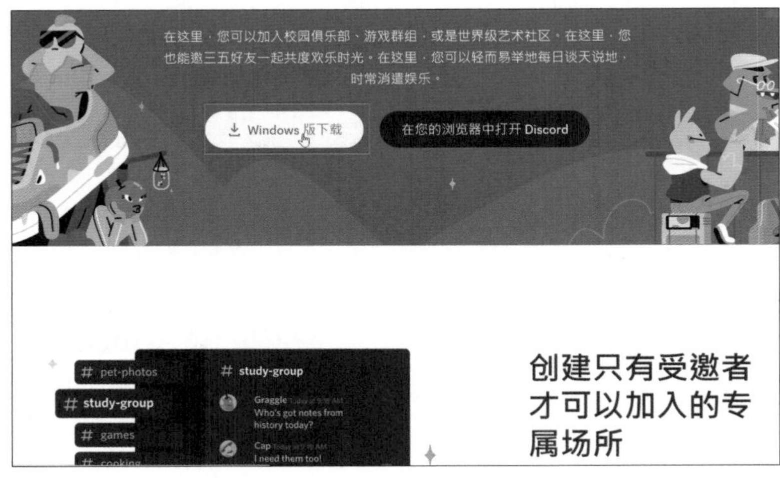

图1-10

2. 下载完成后，打开DiscordSetup.exe文件。等待安装过程结束，大约需要几分钟。随后，进入登录界面，单击“注册”，如图1-11所示。

图1-11

3. 在打开的对话框中输入邮箱地址、用户名、密码和出生日期，勾选下方的复选框，然后单击“继续”按钮，如图1-12所示。

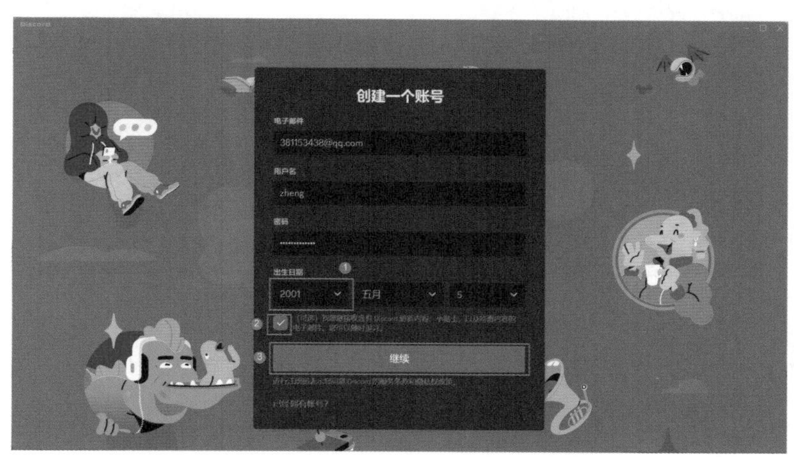

图1-12

注意：一定要设定2011年以前的一个出生年份，因为Discord对用户年龄有限制，要求用户年龄超过13岁，所以我们可以把年龄设置得稍微大一些。

4. 为了防止机器人注册，Discord提供了一种反作弊机制，此时会弹出是真正的人类而非机器人的验证。这里勾选“我是人类”复选框，如图1-13所示。

图1-13

5. 根据提示，在图片列表中单击包含灯泡的图片，然后单击“检查”按钮，如图1-14所示。

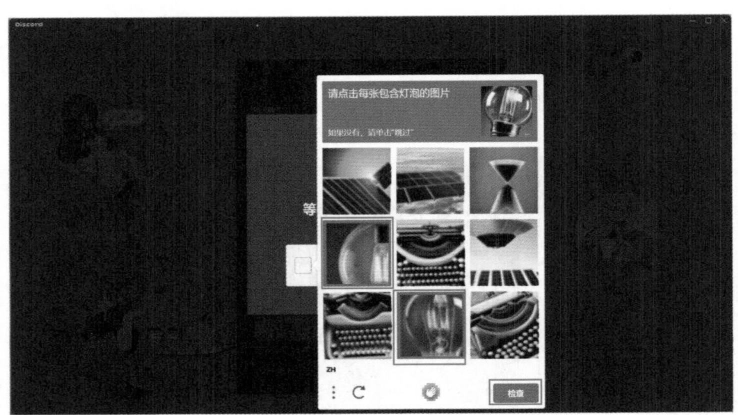

图1-14

6. 接下来Discord会给注册用的邮箱地址发一封邮件，如图1-15所示。打开邮件，直接单击Verify Email按钮，即可完成验证，如图1-16所示。

图1-15

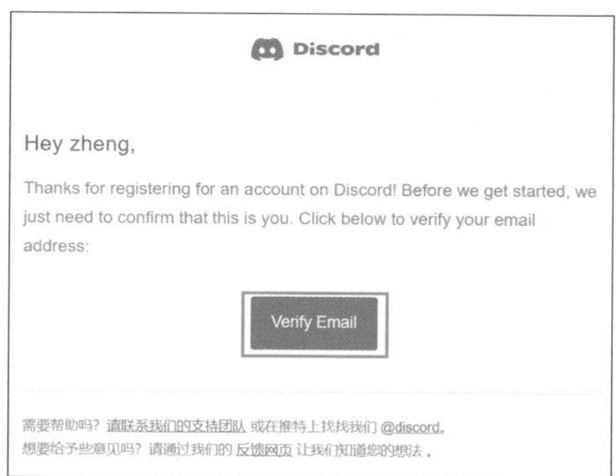

图 1-16

7. 此时在Discord的注册界面可以看到电子邮件已验证通过的提醒，单击“继续使用Discord”按钮，如图1-17所示，就可以进入Discord的主界面了。

图 1-17

8. 进入Discord主界面之后，首先要添加Midjourney服务器。单击界面中的“探索可发现的服务器”按钮，如图1-18所示。

图 1-18

9. 浏览Discord社区主页，Midjourney位居特色社区之首，其受欢迎程度可见一斑，单击Midjourney图标，如图1-19所示。

图1-19

10. 在欢迎界面中直接单击Getting Started，如图1-20所示，即可进入Midjourney服务器。

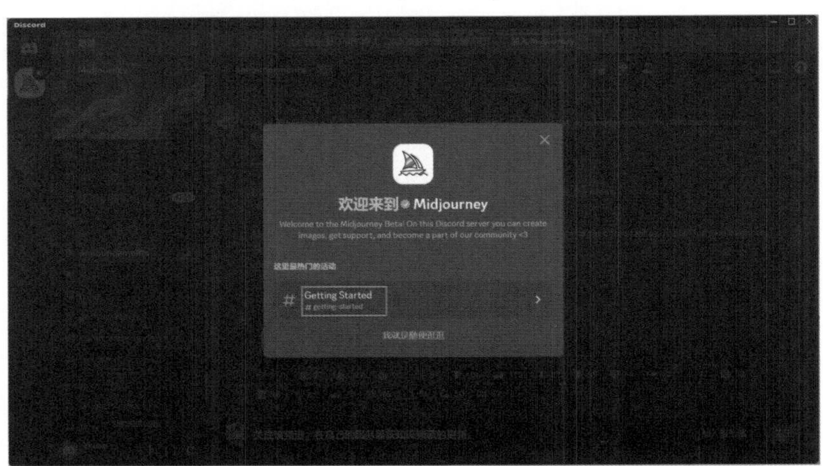

图1-20

11. 如提示“您当前正处于预览模式。加入该服务器开始聊天吧！”，单击“加入Midjourney”按钮，如图1-21所示，我们将实质性地加入Midjourney服务器。

12. 加入服务器后，界面左侧呈现诸多频道。标注NEWCOMER ROOMS字样的代表新手频道，可随意单击其中一个进入，如图1-22所示。在该频道中，众多用户正在使用Midjourney生成AI图片。

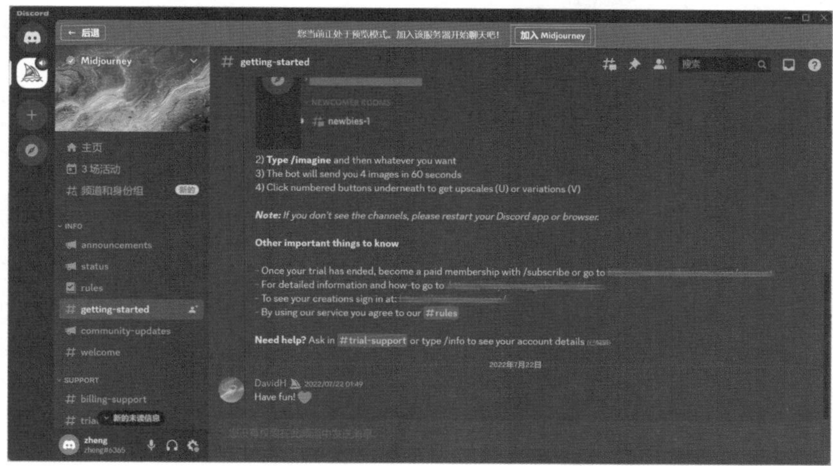

图 1-21

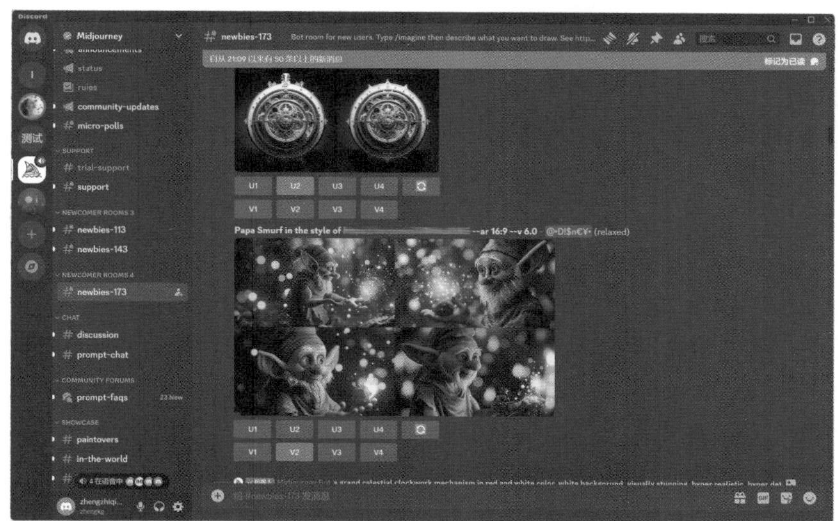

图 1-22

经过初步配置，我们已成功为Discord添加了一个Midjourney服务器。在Discord界面左侧竖直列表中，可以看到一个帆船造型的图标，该图标所指即我们的Midjourney服务器。这是一个公共服务器，所有初次登录Midjourney的用户都会进入此公共服务器。

需要注意的是，尽管在公共服务器上能实现AI绘图功能，但用户所实施的所有操作皆公开、透明，不具备隐私性和保密性。因此，后续将介绍如何构建个人专用服务器并邀请机器人入驻，以确保操作过程及生成内容享有充分的隐私和保密保障。

第2章 熟练操控Discord与Midjourney

—— 本章要点

- Midjourney服务器的创建与删除。
- Midjourney订阅计划的说明与操作。
- Discord账号的切换。
- Discord界面的功能布局。
- 频道的创建与删除。

2.1 Midjourney服务器的创建与删除

本节我们将介绍Midjourney服务器的创建与删除。

2.1.1 创建个人服务器

下面介绍创建个人服务器的方法，后续的图片生成操作主要在个人服务器环境中进行。

1. 在Discord左侧的竖直列表中，单击+按钮，打开“创建服务器”对话框，选择“亲自创建”选项，如图2-1所示。

2. 接下来，在弹出的对话框中选择“仅供我和我的朋友使用”选项，如图2-2所示。

3. 进入“自定义您的服务器”对话框，在“服务器名称”文本框中输入拟创建服务器的名称“zheng的服务器”，单击“创建”按钮，如图2-3所示。

可以看到已成功创建了一个服务器。在左侧的竖直列表中，可查看新设立的服务器；在右侧的成员列表中，仅显示个人账号，如图2-4所示。

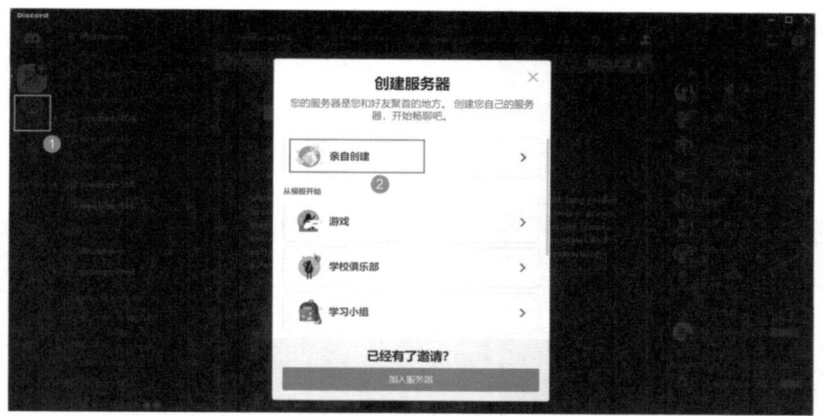

图 2-1

图 2-2

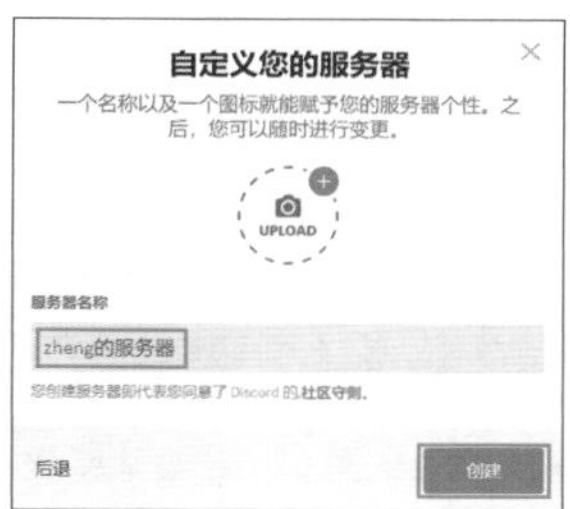

图 2-3

图 2-4

2.1.2　添加Midjourney机器人

创建服务器之后，如果要使用Midjourney的AI绘图功能，需要在服务器中添加Midjourney机器人。

下面介绍添加Midjourney机器人的具体操作。

1. 要添加Midjourney机器人，我们需要回到公共服务器，单击界面右上角的成员列表按钮，在右侧列表中可以看到有很多普通用户，以及特定的一些机器人。这里单击Midjourney Bot（也就是Midjourney机器人）的头像，如图2-5所示。

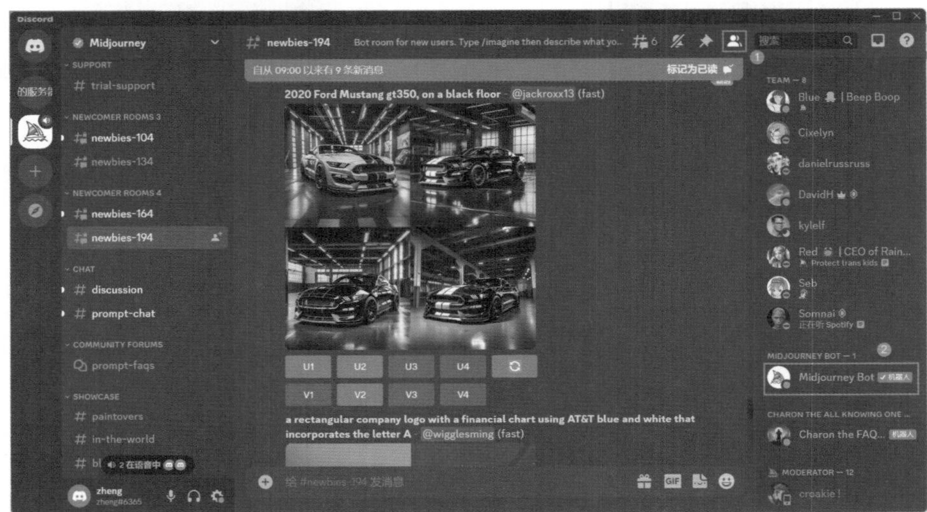

图 2-5

2. 打开一个新的面板，在这个面板中单击“添加至服务器”按钮，如图2-6所示。

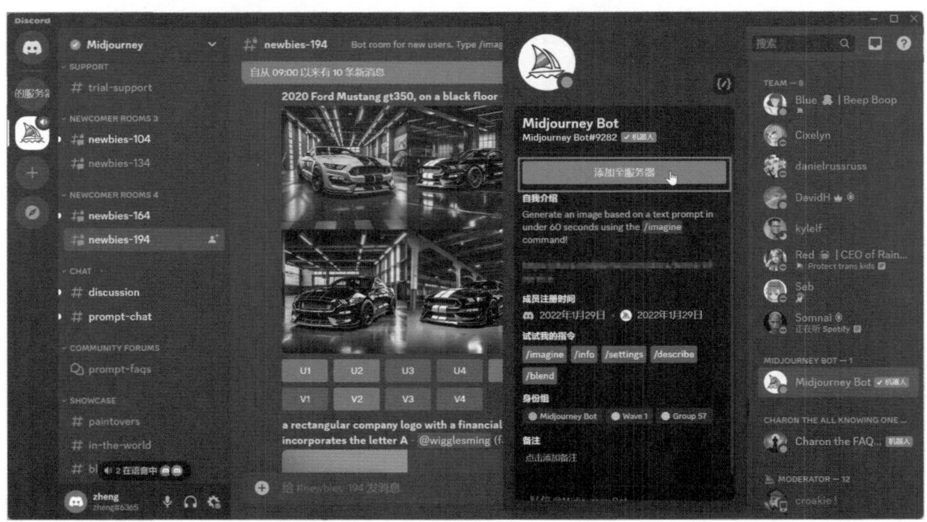

图 2-6

3. 此时会弹出“外部应用程序”面板，在“添加至服务器”下拉列表框中选择要添加到的服务器，这里选择之前创建的“zheng的服务器”，然后单击“继续”按钮，如图2-7所示。

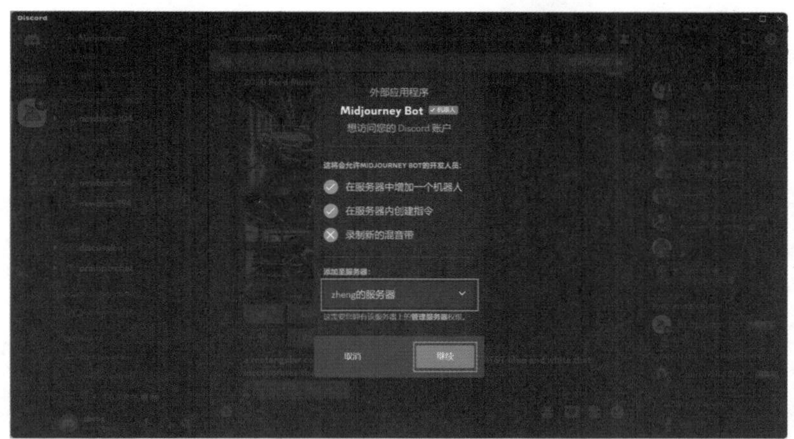

图2-7

4. 在弹出的面板中单击“授权”按钮，如图2-8所示。

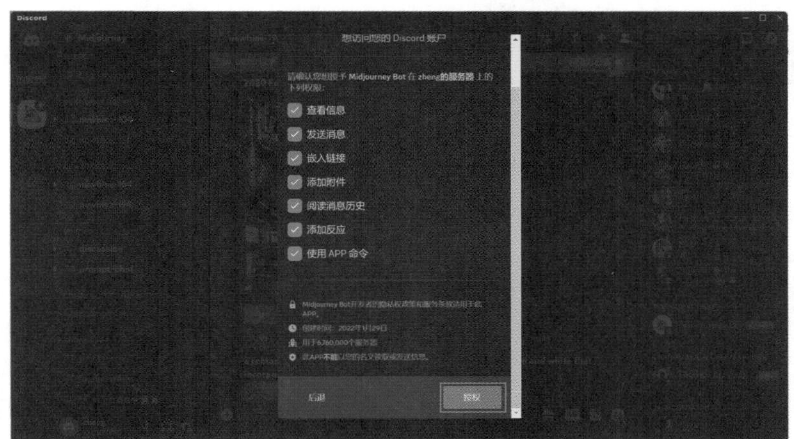

图2-8

5. 这里会有一个验证操作，直接勾选“我是人类”复选框就可以了，如图2-9所示。

6. 最后，在“Midjourney Bot已获得授权并添加至zheng的服务器”提示框中，单击“前往zheng的服务器”按钮，如图2-10所示，这样就可以再次进入我们之前建立的个人服务器。

7. 服务器主界面右侧的成员列表中，除了我们的个人账户之外，多了一个名为Midjourney Bot的机器人，如图2-11所示。

图 2-9

图 2-10

图 2-11

在添加机器人之后，在下方的对话框中输入“/”，可查看常用的命令列表，如图2-12所示。据此，我们可以选择相应的命令以实现特定操作。

图 2-12

2.1.3 删除多余的服务器

接下来介绍如何删除多余的服务器。

1. 在左侧的竖直列表中选中任意一个服务器，然后单击服务器名称右侧向下的箭头，在展开的下拉列表中选择“服务器设置”选项，如图2-13所示。

图2-13

2. 在服务器配置界面底部，可找到“删除服务器”选项，单击该选项以打开删除服务器对话框。在对话框中手动输入待删除服务器的名称，然后单击“删除服务器”按钮，即可删除多余的服务器，如图2-14所示。

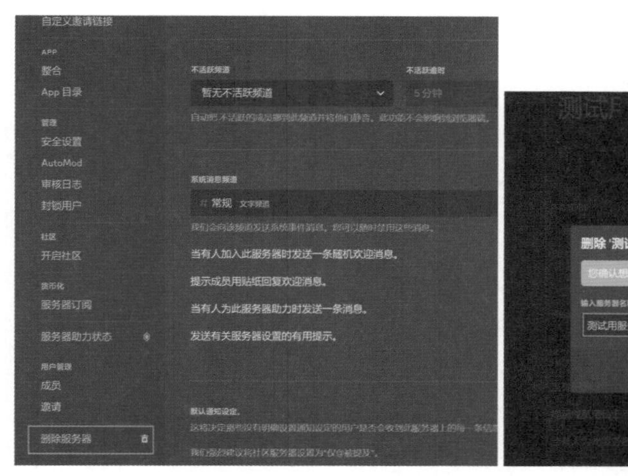

图2-14

2.2 Midjourney订阅计划的说明与操作

接下来我们讲解Midjourney的订阅计划，以及如何进行Midjourney订阅操作。

当前我们已经注册了Discord账号并创建了Midjourney服务器，但是并没有购买Midjourney的订阅计划。接下来我们介绍Midjourney订阅计划的相关内容。

1. 切换到任意一个Midjourney服务器，在下方对话框中，输入/subscribe，如图2-15所示，然后按Enter键。

图2-15

2. 此时Midjourney机器人会返回一条信息给我们，在返回的信息中单击Manage Account（管理账户），如图2-16所示。

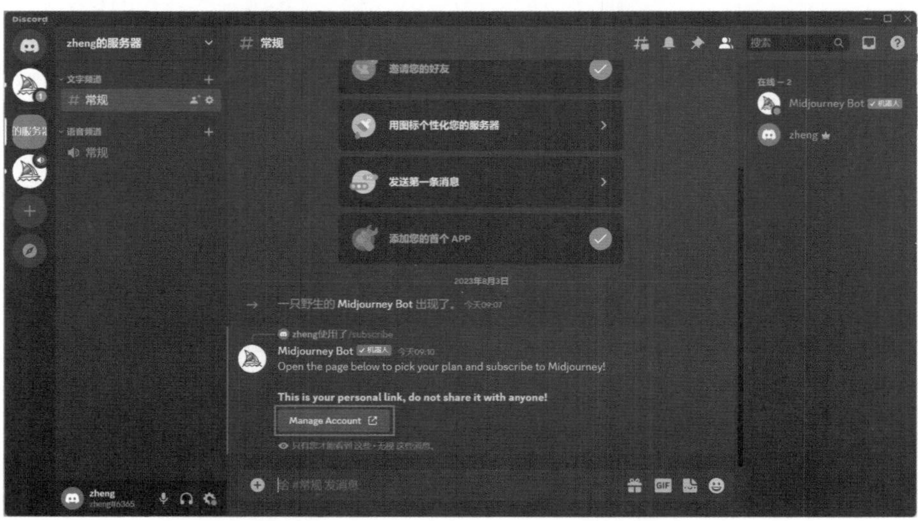

图2-16

3. 弹出一个提示框，勾选其中的复选框，然后单击“访问网站”按钮，如图2-17所示。

图2-17

此时会进入Midjourney订阅计划说明界面。从界面中可以看到，有8美元/月，24美元/月和48美元/月3种订阅计划，分别对应的是基础版、标准版和专业版，如图2-18所示。

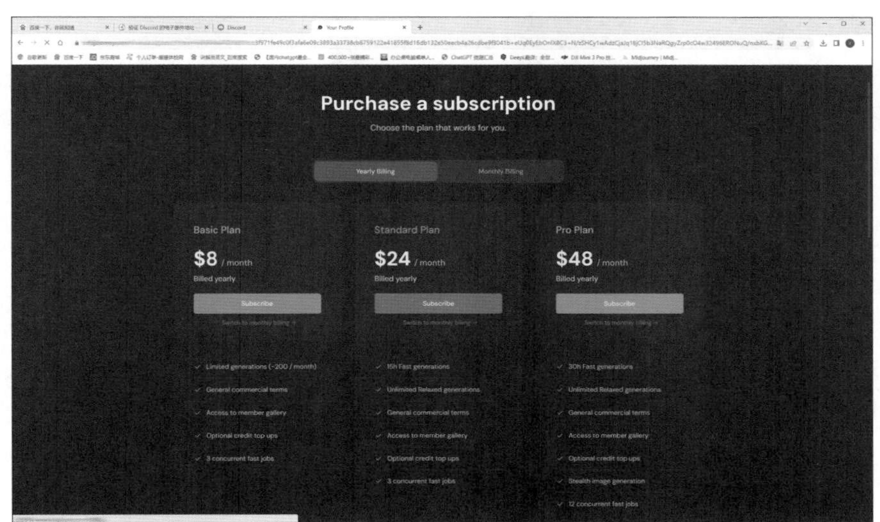

图2-18

4. 当前是英文界面，在界面中单击鼠标右键，在弹出的菜单中选择“翻译成中文（简体）”命令，如图2-19所示。这样就可以将当前界面内容翻译为中文，如图2-20所示。

图 2-19

图 2-20

注意：当前不同订阅计划的金额，是按年进行购买的价格，它是有一定折扣的。

5. 单击“每月计费”按钮，如图 2-21 所示，进入按月购买的界面，如图 2-22 所示，可以看到订阅计划的价格是不同的，就没有折扣了。

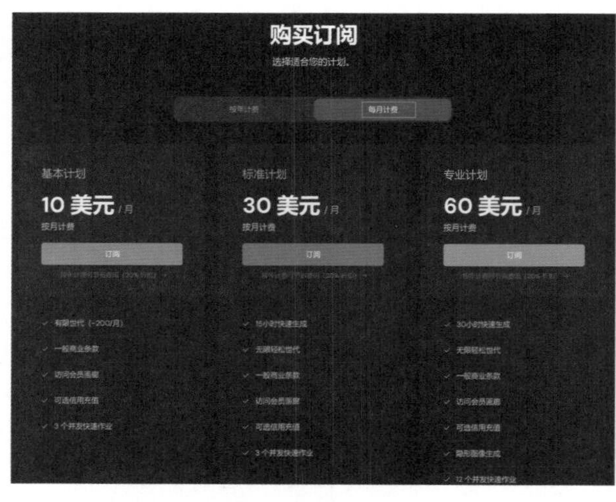

图 2-21

图 2-22

这里只要根据自己的需求进行选择就可以了，选择某个订阅计划之后会进入付款界面，如图 2-23 所示。Midjourney 订阅计划的付款是支持国内一般信用卡的，所以我们只要使用国内的信用卡支付就可以完成订阅。

需要注意的是，在支付时，选项当中有一项名为CVC的选项，需要我们查看卡上的4位CVC数字，要填入这4位数字，才能完成付款。

完成付款之后，我们就可以使用Midjourney进行AI绘图的操作了。

图2-23

2.3 Discord账号的切换

接下来我们来看如何切换Discord账号。

1. 在打开的Discord主界面左下角，单击齿轮状的按钮，也就是“设置”按钮，如图2-24所示。

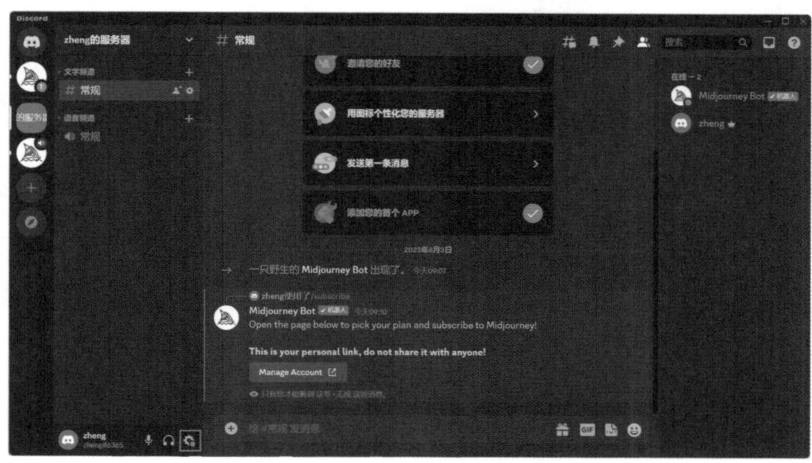

图2-24

2. 此时会进入设置菜单，在下方单击“登出”按钮，如图2-25所示，这样我们就可以退出当前的账号。

图 2-25

3. 退出账号之后，如果要再次打开Discord，就需要重新登录，这里我们更换了一个账号进行登录，可以看到左下角的账户名称发生了变化，如图2-26所示。因为换了一个标准订阅计划的账号，故在个人服务器中，可以看到已经进行了一些生图的操作。

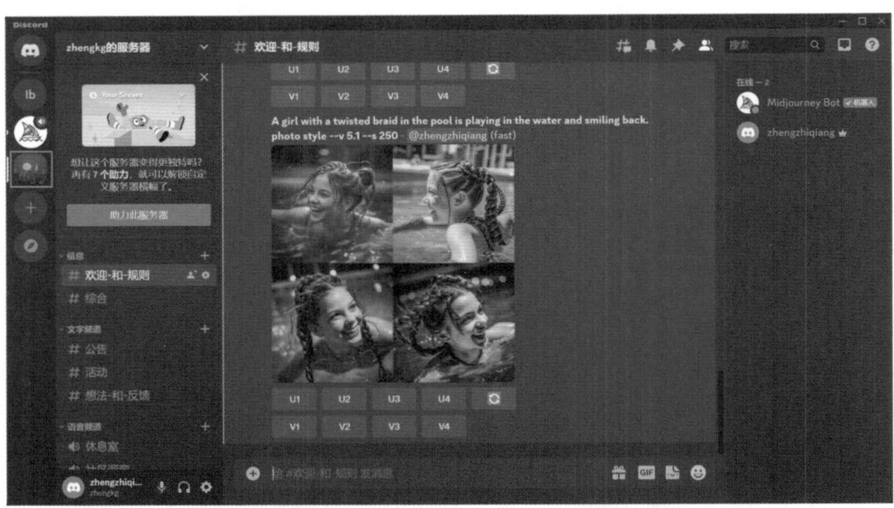

图 2-26

2.4 Discord界面的功能布局

接下来我们介绍Discord主界面的功能布局。打开Discord之后，进入公共服务器。我们已经对当前界面的各个板块进行了标注，如图2-27所示。

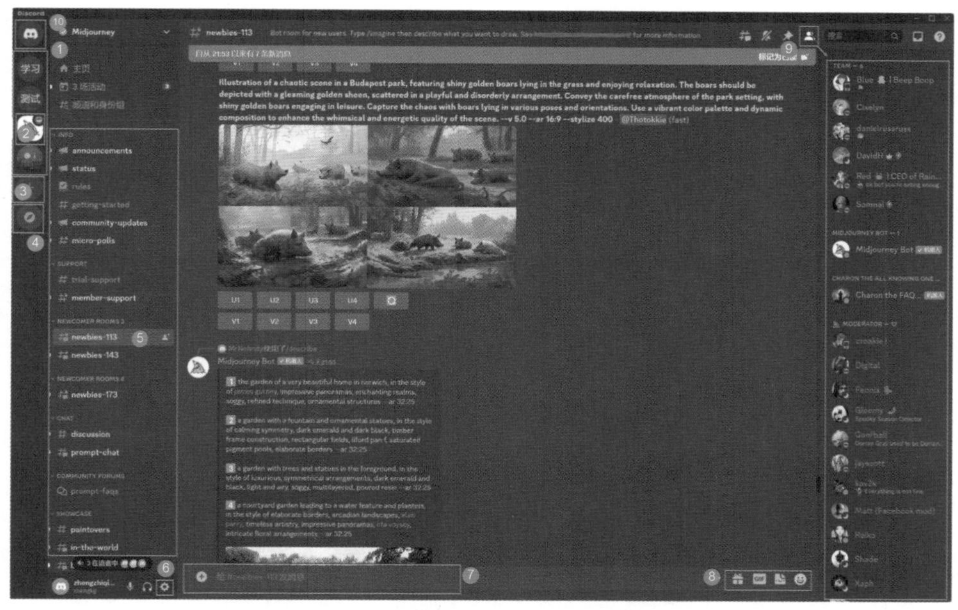

图 2-27

①Midjourney个人服务器，也就是我们自己建立的各种服务器，在个人服务器中进行生图操作，会有更好的隐蔽性，别人看不到。

②Midjourney公共服务器，在公共服务器当中我们可以进行所有的基本操作，并且在这个服务器当中有大量的一般用户和各种各样的机器人。公共服务器的缺点之前我们已经讲过，它没有隐私性和隐蔽性，我们进行的操作和生成的图片，其他人也是能看到的。我们在邀请机器人时，要通过公共服务器进行操作，而平时的生图，一般是不在此进行操作的。当然，有时候我们也会进入这个公共服务器的不同频道，查看其他人的一些生图操作来模仿和学习。

③“创建服务器”按钮，单击该按钮可以引导我们创建个人服务器。

④社区搜索按钮，单击该按钮可以搜索Discord上搭载的不同服务器，比如说我们添加的Midjourney公共服务器就是通过单击该按钮找到的。

⑤Midjourney服务器当中的频道列表，不同的频道有不同的功能。我们可以创建很多个频道。一般来说，我们要在文字频道当中进行生图操作，而语音频道内则无法进行生图，语音频道主要用于进行一些语音的沟通。正常情况下我们可以建立多个文字频道，后续会详细介绍。当前我们看到的是很多个新手频道，这些新手频道都是文字频道。

⑥“设置”按钮，单击之后，在打开的菜单中可以看到很多选项。

⑦Midjourney对话框，这是我们常用的区域。

⑧发送表情、图片、礼物等的按钮。

⑨查看当前服务器中的成员列表按钮，单击该按钮，然后在右侧可以看到当前服务器中的所有成员。

⑩私信按钮，我们通过该按钮与Midjourney机器人进行私信聊天。

在与Midjourney机器人的私信界面（见图2-28）中，除聊天之外，我们也可以进行AI绘图的操作。

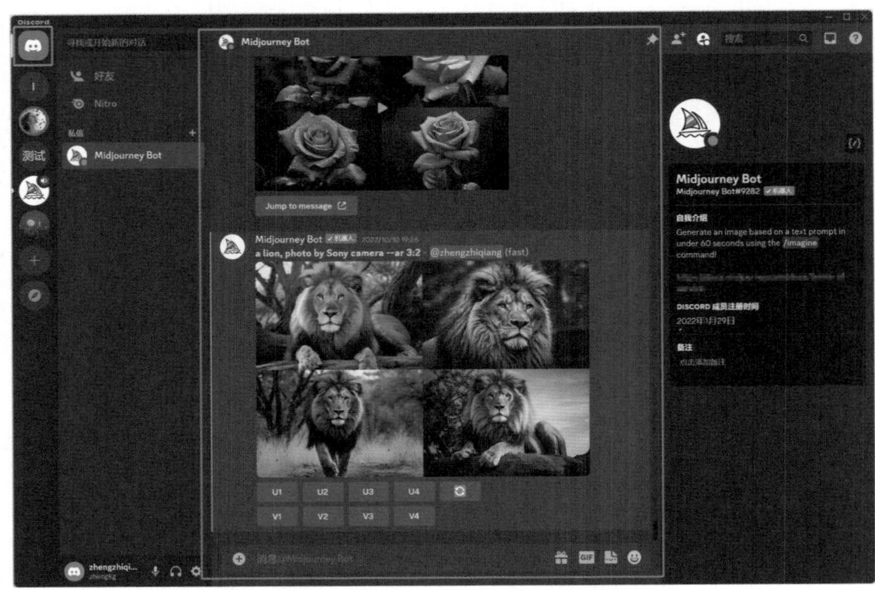

图2-28

2.5 频道的创建与删除

接下来我们讲解Midjourney服务器当中频道创建与删除的相关操作。

2.5.1 在服务器中创建频道

首先来看如何在服务器当中建立频道。

首先我们进入Discord，进入某个服务器。当前我们进入的是测试服务器，在测试服务器的频道列表当中，我们可以看到有文字频道和语音频道两大类，并且文字频道和语音频道下边都有一个名为“常规”的频道。要注意，我们进行文字生图或是其他的操作，都是在文字频道当中完成的。当前只有一个常规的文字频道，所以它可能不满足我们的需求。我们可能需要进行学习、测试、练习等，因此要建立多个频道，使我们可以在不同的频道当中进行一些特定的操作，相当于对我们的AI绘图进行分类。

1. 在文字频道右侧单击➕按钮，如图2-29所示。

2. 打开“创建频道”对话框，先选择Text，也就是文本，确保我们后续能够创建文字频道，然后在下方“频道名称”文本框中输入我们想要的频道的名称，这里输入的是“练习”，然后单击“创建频道”按钮，如图2-30所示。

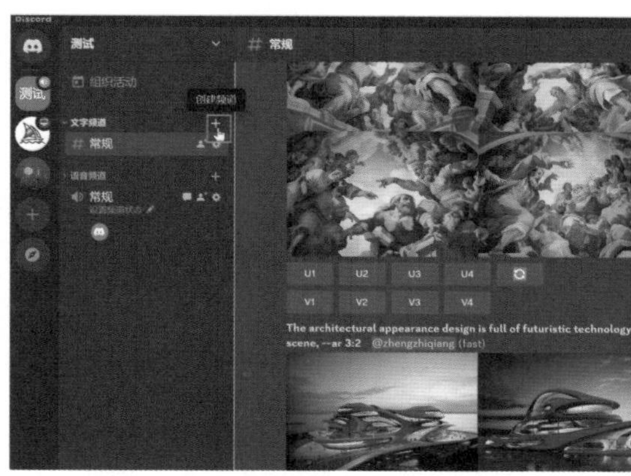

图2-29

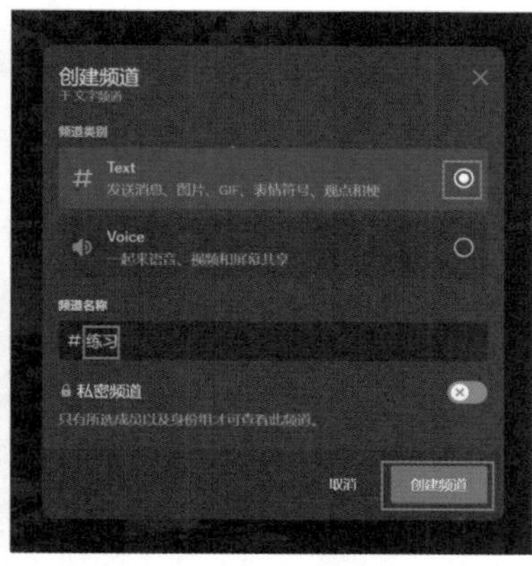

图2-30

3. 接下来我们就可以看到创建了一个名为“练习”的频道；我们用同样的方法可以创建一个名为“工作”的频道。此时在文字频道列表中就可以看到之前的常规频道和我们刚创建的两个频道，如图2-31所示。

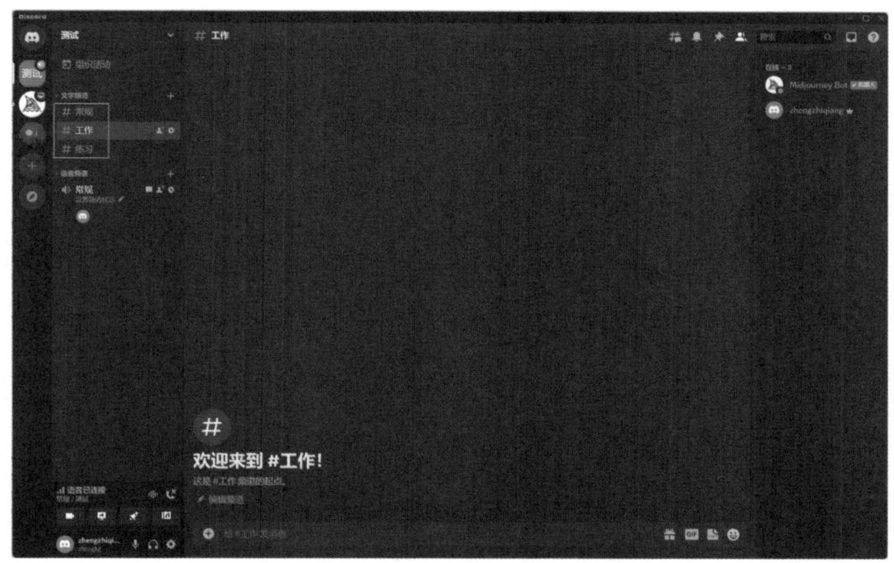

图2-31

2.5.2 删除不想要的频道

下面介绍如何删除我们不想要的频道。

要注意，一旦进行了删除频道操作，那么在该频道当中进行的AI智能绘图信息都会丢失，所以删除频道时要提前查看该频道当中是否有我们之前所生成的图片。

1. 如果我们要删除不想要的频道，在某个要删除的频道右侧单击齿轮状按钮，如图2-32所示，也就是“编辑频道”按钮。

2. 打开新的菜单，在菜单中选择“删除频道”，如图2-33所示，就可以直接将对应的频道删除。

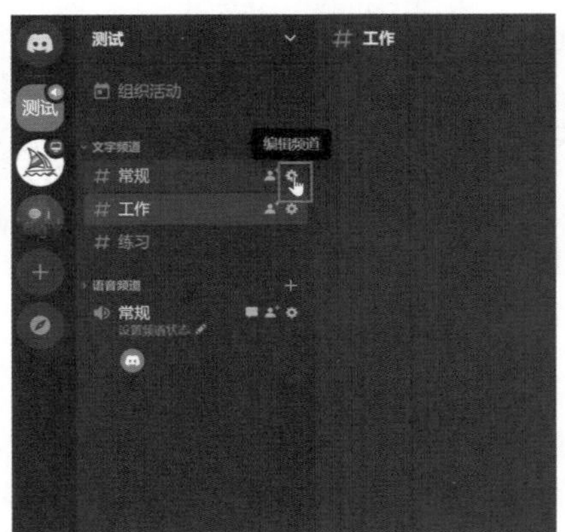

图2-32

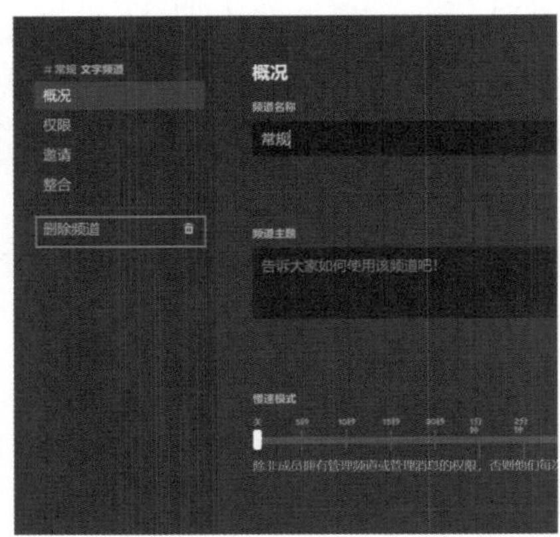

图2-33

2.6 再次练习服务器与机器人的设置

2.6.1 个人服务器设置

当前我们介绍的主要是用Midjourney进行AI绘图的一些操作。但实际上随着后续不断的学习，我们就会发现AI绘图有可能需要使用Discord当中的一些其他的AI服务器，所以这里我们再次练习一下如何在自己的服务器当中邀请机器人。

首先，我们再次练习如何创建个人服务器。

1. 在左侧的竖直列表中，单击“创建服务器”按钮，打开“创建服务器”对话框，选择“亲自创建”选项，如图2-34所示。

2. 在弹出的面板中选择“仅供我和我的朋友使用”选项，如图2-35所示。

3. 可以看到“自定义您的服务器”面板中有两个选项，一个是UPLOAD，就是头像上传；另一个是“服务器名称”，就是我们要创建的服务器的名称，如图2-36所示。这里我们先不进行头像的上传，输入工作服务器名称之后，直接单击“创建”按钮，这样就创建了一个名为“工作专用”的服务器。

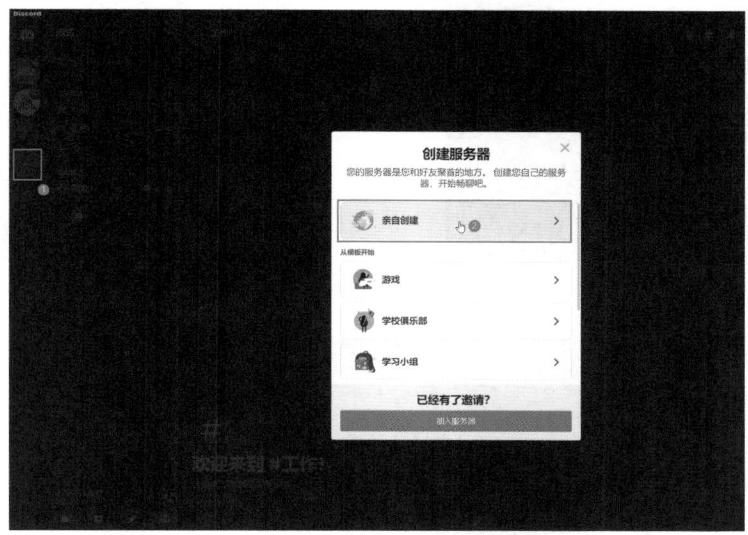

图 2-34

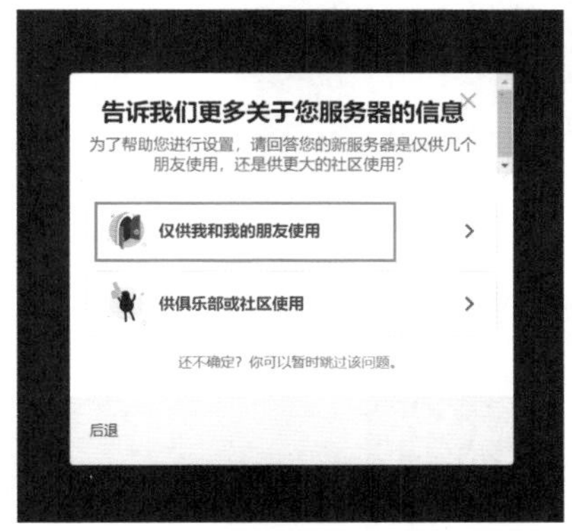

图 2-35

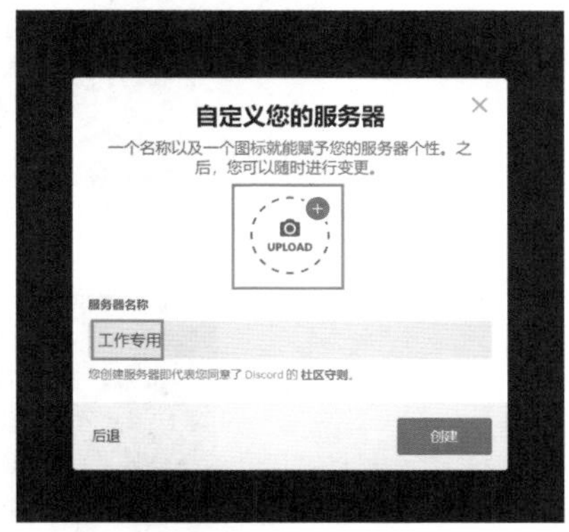

图 2-36

4. 单击“工作专用”服务器右侧向下的箭头，如图2-37所示，展开菜单。

5. 在展开的菜单中选择“服务器设置”选项，如图2-38所示。

6. 进入服务器设置界面之后，在左侧单击“概况”，在选项卡中我们可以重新设置该服务器的头像。单击“上传图片”，如图2-39所示，然后我们将准备好的图片上传。

7. 调整图片的位置及大小，单击“应用”按钮，这样我们就为新创建的这个服务器上传了一个头像，如图2-40所示。

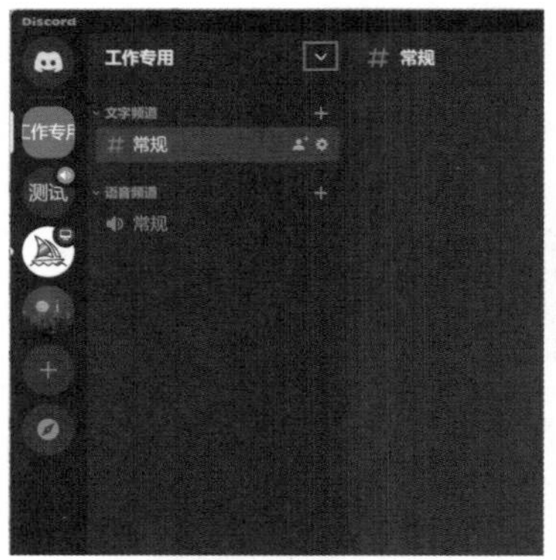

图 2-37

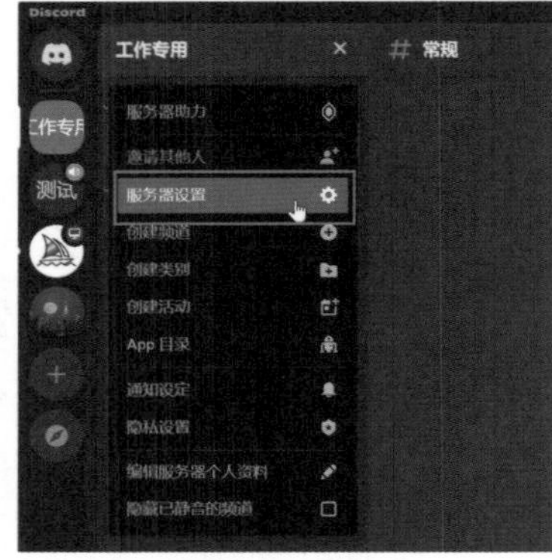

图 2-38

图 2-39

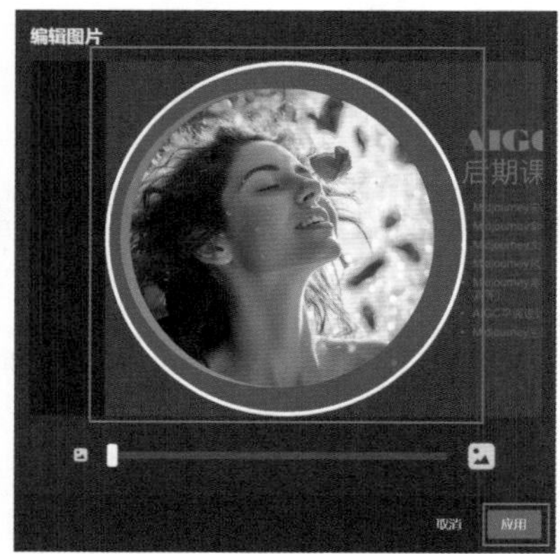

图 2-40

8. 单击下方的“保存更改”按钮，保存我们所做的设置，最后单击ESC按钮退出，如图 2-41 所示，这样我们就完成了服务器的添加以及设置操作。

图 2-41

2.6.2　练习机器人的邀请与添加

新创建的服务器中只有一个个人账户，没有添加机器人，需要进行添加。

1. 切换到公共服务器，单击右上角的成员列表，在打开的成员列表中单击Midjourney Bot的头像，在展开的面板中单击“添加至服务器”按钮，如图2-42所示。

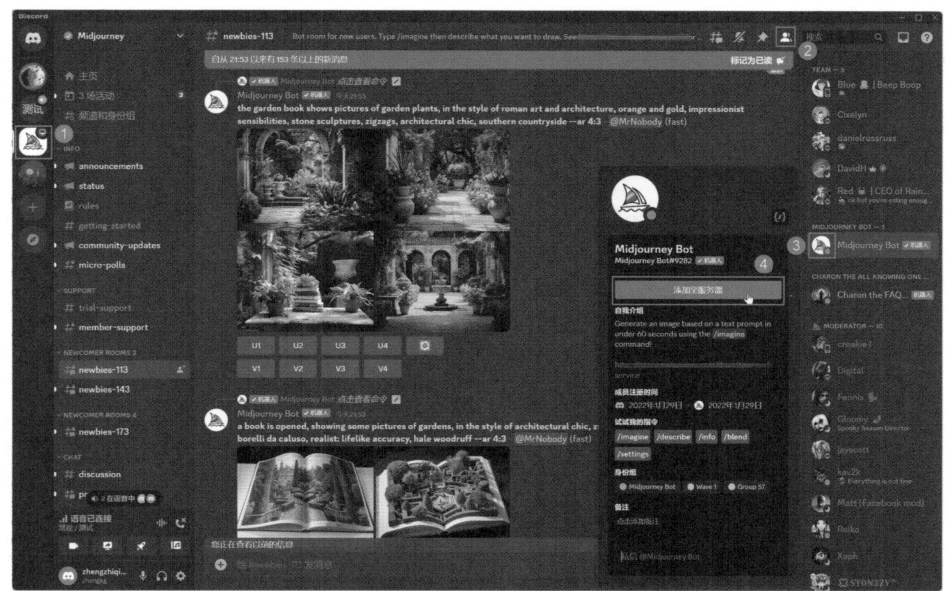

图 2-42

2. 在下方“添加至服务器”下拉列表框中选择“工作专用”，也就是刚才我们新建的服务器，然后单击“继续”按钮，如图2-43所示。

可以看到，机器人被添加到了我们刚建立的这个服务器，如图2-44所示。

图2-43

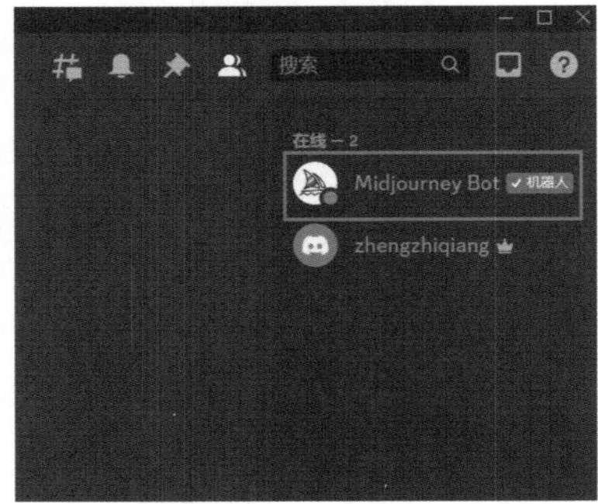

图2-44

我们之所以再次演示Midjourney机器人的添加过程，是因为后续我们可能会添加其他类型的机器人，每一种机器人的添加其实都是同样的操作，我们只要进入公共服务器，找到相关的机器人，然后进行添加就可以了。如果在公共服务器当中找不到我们想要添加的机器人，还可以搜索相应类型的社区，进入社区之后，再去添加不同类型的机器人。

03

第3章 Midjourney文生图与常见命令

本章我们讲解用Midjourney进行AI绘图的基本操作、设置与常见命令的使用技巧。

3.1 常见命令

3.1.1 /imagine、U和V：常见且重要的命令

/imagine是Midjourney用于生成图片的常见命令，也是借助文字生成图片的基本命令。具体使用时，先借助翻译软件将我们输入的中文提示词翻译为英文，然后复制提示词，如图3-1所示。

图3-1

在打开的Discord主界面左侧单击选择某一个Midjourney服务器。这时要确保该服务器中已经添加了Midjourney机器人，之后在对话框中输入/imagine；或是输入/，然后在打开的命令列表中选择/imagine，如图3-2所示。

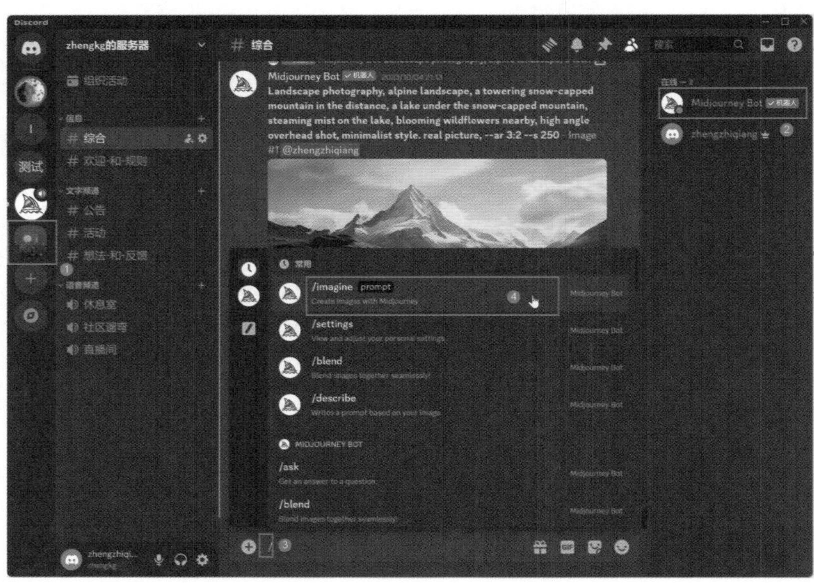

图 3-2

此时在界面下方的对话框中，/imagine后面出现prompt文本框，在该文本框中粘贴我们之前复制的提示词，如图3-3所示。

按Enter键，等待生成图片。

之后，Midjourney会生成初始网格图片，有4种画面效果。

单击网格图片可以将其放大，如图3-4所示。单击放大后图片左下角的“在浏览器中打开”链接，如图3-5所示。

图 3-3

图 3-4

这时，放大后的图片会在浏览器中被打开，在默认的1：1宽高比下，所打开的放大图尺寸为2048像素 ×2048像素，基本能够满足一般的印刷需求。

图3-5

将放大的图片在浏览器中打开后，单击鼠标右键，在弹出的菜单中选择“图片另存为”命令，如图3-6所示，可以将放大后的图片保存到本地计算机上，如图3-7所示。

图3-6

图 3-7

初次生成的网格图片下方有U1～U4、V1～V4和圆形箭头这样3组按钮，编号对应的图片已经做了标注，如图3-8所示。

图 3-8

U1～U4，U的全称是Upscale（本义为“高档”，在本应用中通常译为“升频”），是指针对生成的网格图片中的某一张进行放大和填充，以获得更多细节。

V1～V4，V的全称是Variation（本应用中通常译为“变体”），是指以初次生成的网格图片中的某一张为基础进行变体微调，重新获得4张网格图片。

圆形箭头按钮对应的是“刷新”命令，单击该按钮，Midjourney会根据提示词重新生成一组网格图片。

单击V3按钮，即可以初次生成的第3张图片为基础进行变体微调。这里要注意，在进行变体微调时，会弹出Remix Prompt对话框，在其中可以修改提示词。如果要修改，直接在对话框中修改即可，如果不修改，直接单击“提交”按钮即可进行变体微调，如图3-9所示。变体微调后生成的图片如图3-10所示。

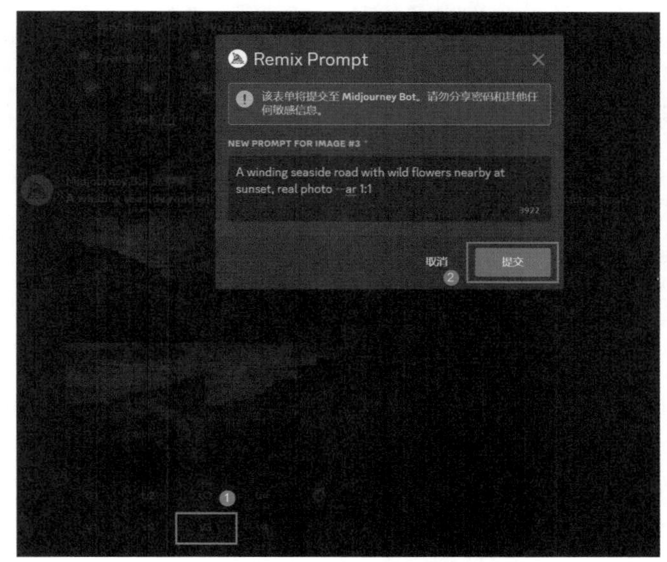

图3-9

图3-10

如果对当前的网格图片不满意，还可以单击“刷新”按钮，重新生成4张网格图片，如图3-11所示。

单击U3按钮，即可放大第3张图片，如图3-12所示。放大后的图片下方出现了多个按钮，不同按钮的意义、功能和用法，可参见第4章。

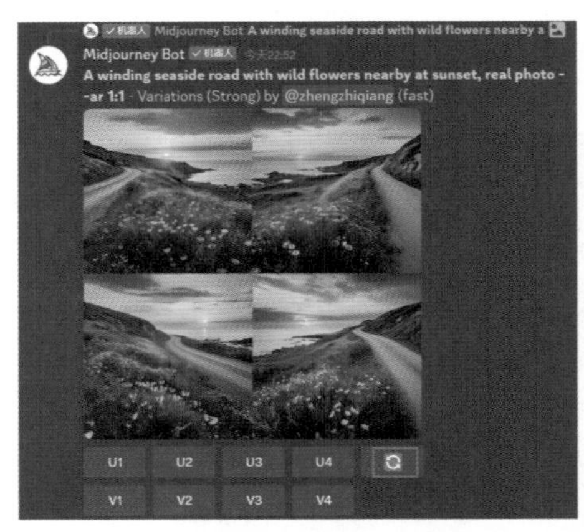

图3-11

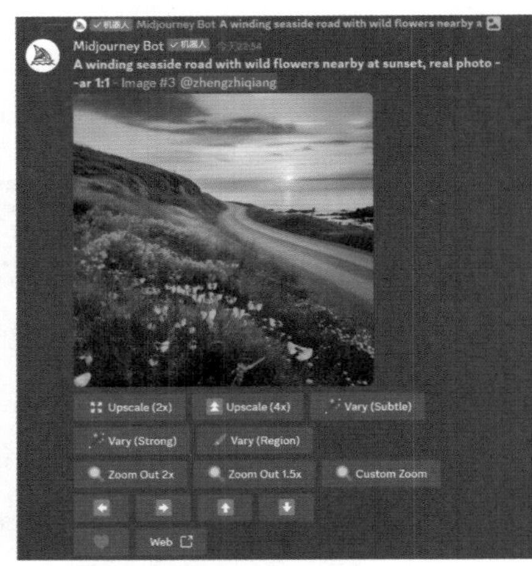

图3-12

我们输入的提示词会影响生成图片的内容、构图、风格和颜色。提示词可以单独使用，也可以混入其他图片一起使用——尝试将不同风格的图片组合起来，以获得想要的结果。

3.1.2 实战：尝试生成不同题材的图片

接下来，我们就可以尝试用不同的提示词，来生成不同题材、不同类型、不同风格的精美图片了。

图3-13 ~ 图3-18所示分别为旅游风光类、建筑设计类、静物类、动漫类、微距类和人像写真类图片，可以看到效果都是不错的。

图3-13

图3-14

图3-15

图3-16

图3-17

图3-18

3.1.3 /describe：以图片作为参考生成新图片

很多时候，我们看到某张图片的画面效果及风格都很棒，想要生成一张相似的图片，但我们又不知道需要使用哪些提示词进行描述；或者说使用某些提示词去生图，发现生图效果不够理想，这时就可以使用/describe命令。

具体使用时，输入该命令开头的几个字符，此时在上方会显示完整的命令，单击该命令，如图3-19所示。

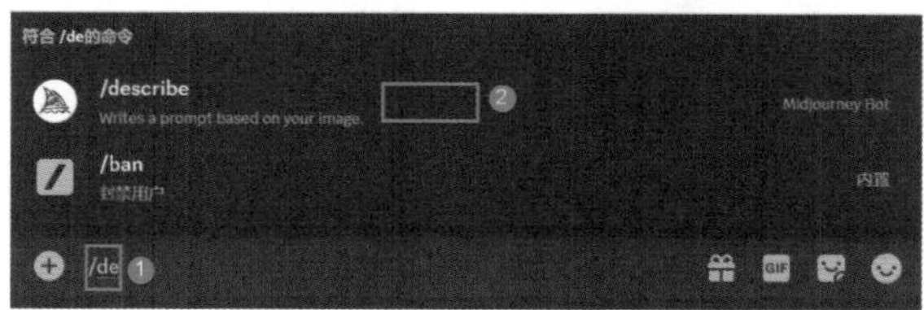

图3-19

然后上传本地图片（也就是我们想要模仿的图片），如图3-20和图3-21所示。

系统会生成4段提示词供参考，如图3-22所示。我们可以通过翻译软件将系统识别出的4段提示词翻译成中文，方便分析哪段提示词更符合我们的预期，全选所有提示词，单击鼠标右键，在弹出的菜单中选择“复制”，如图3-23所示。

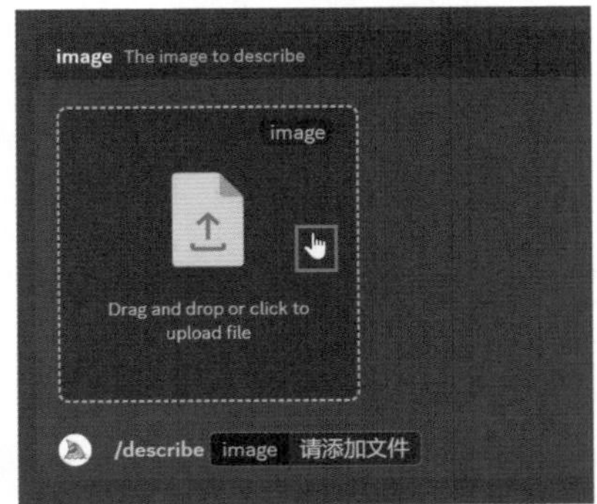

图3-20

图3-21

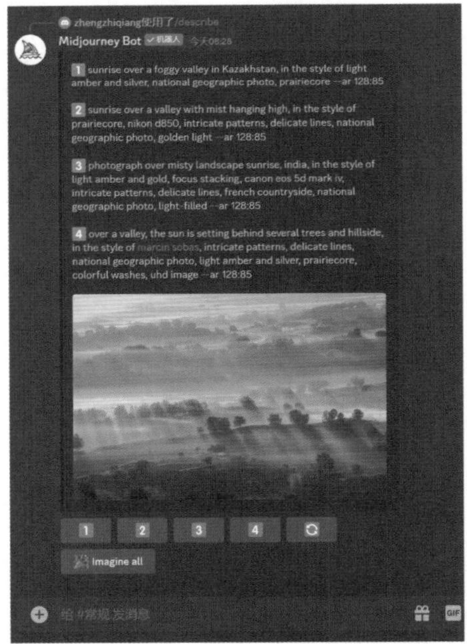

图3-22

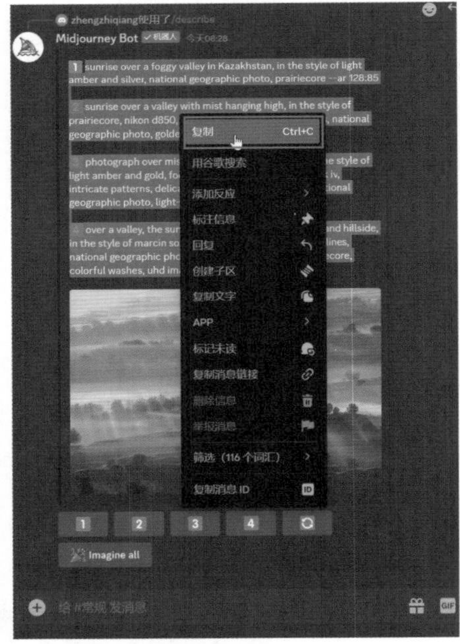

图3-23

在翻译软件中将提示词翻译成中文，如图3-24所示。

选好提示词后，就可以借助所选的提示词进行图片生成操作，并且在生图之前可以对提示词进行修改。单击提示词，即可生成相应的图片。使用第1段提示词生成的图片如图3-25所示。使用第2段提示词生成的图片如图3-26所示。使用第3段提示词生成的图片如图3-27所示。

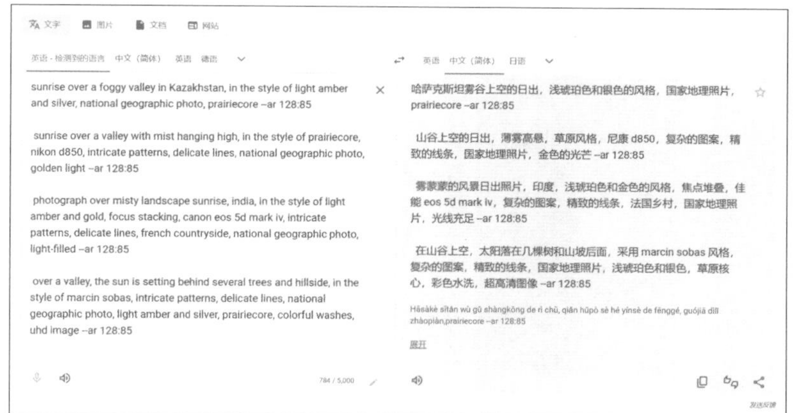

图 3-24

图 3-25

图 3-26

图 3-27

3.1.4 /blend：融合不同图片得到新的图片

/blend这个命令主要用于对多张图片进行融合、叠加，从而让新生成的图片兼具之前多张图片的特点。

具体使用时，输入该命令，将本地的2～5张图片上传并进行融合，图片如图3-28和图3-29所示。最终生成的图片将呈现所上传的多张图片的叠加效果，如图3-30所示。

图 3-28

图 3-29

图 3-30

该命令的详细使用方法可参见第7章。

3.1.5 /subscribe：选择或取消购买服务

Midjourney是付费订阅的AI应用，在安装Discord并添加Midjourney后，如果要使用文字生成图片、以图生图等AI功能就需要进行付费订阅，这时就需要使用/subscribe命令。

具体使用该命令时，在下方的对话框中输入/subscribe，并按Enter键就可以进入付费功能介绍及开通付费的界面。

由于在第2章我们已经详细介绍过如何进行付费订阅，所以这里不赘述。

3.1.6 /info：显示个人账户信息和使用情况

日常使用Midjourney时，可以使用/info命令查看自己的账户信息，包括自己的付费订阅计划、当前剩余的可生成图片数量、快速模式的剩余时间等信息。了解上述信息，可以方便安排自己后续的AI生图及绘图等计划。/info命令的使用方法很简单，直接在对话框输入该命令并按Enter键就可以，系统会返回用户的账户信息，如图3-31所示。

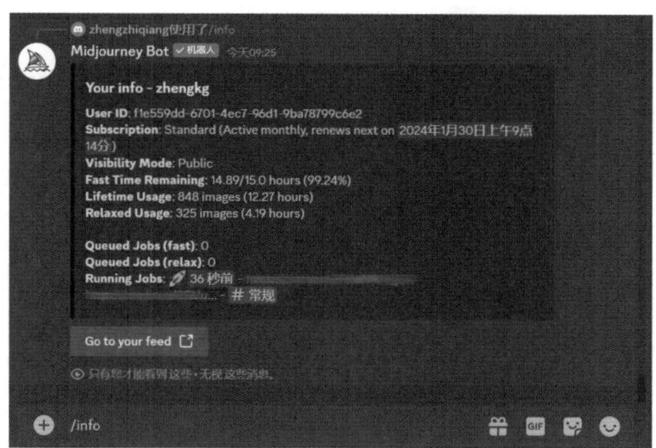

图3-31

翻译后的个人账户信息如图3-32所示（软件自动翻译，结果仅供参考）。

Subscription对应的是订阅信息，显示订阅的是标准套餐，以及下一次续订的日期。

Visibility Mode对应的是工作模式，目前是公开模式（隐身模式只适用于专业版订阅用户，由于笔者是标准版订阅用户，所以只能使用公开模式）。

Fast Time Remaining是指快速模式的剩余时间，显示的是剩余时间/总的时间，括号内是剩余时间的百分比。

Lifetime Usage意为终身使用量，是指本账号从注册账号起到现在一共生成的图片的数量。

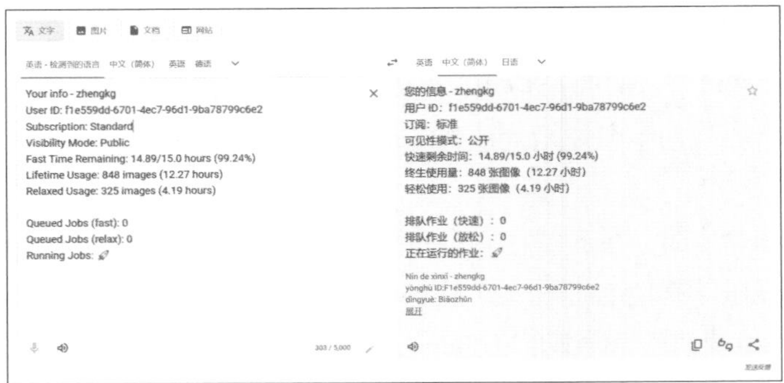

图 3-32

Relaxed Usage对应的是慢速模式的使用情况。

Queued Jobs（fast）和Queued Jobs（relax）显示的是快速模式和慢速模式的排队情况，当前显示均为0，表示还没有出现排队生图的情况。

Running Jobs表示正在进行的操作，这里显示没有。

3.1.7 /prefer option set：创建或管理自定义偏好

/prefer option set命令用于在我们输入的提示词后添加某些固定提示词。举例来说，这里我们要生成一个全身视角的人物形象，就要用full body这样的提示词进行描述。实际上我们可以通过/prefer option set这个命令，对full body这类提示词进行简写，比如说命名为fb，那后续在撰写提示词时，只要输入fb，就可以调用full body这个提示词。

下面通过具体操作来讲解。

在对话框内输入命令/prefer option set；也可以输入/pre，在打开的列表中选择/prefer option set，如图3-33所示。

在option后面输入fb，单击“增加”，在对话框上方会出现value，单击value，如图3-34所示。

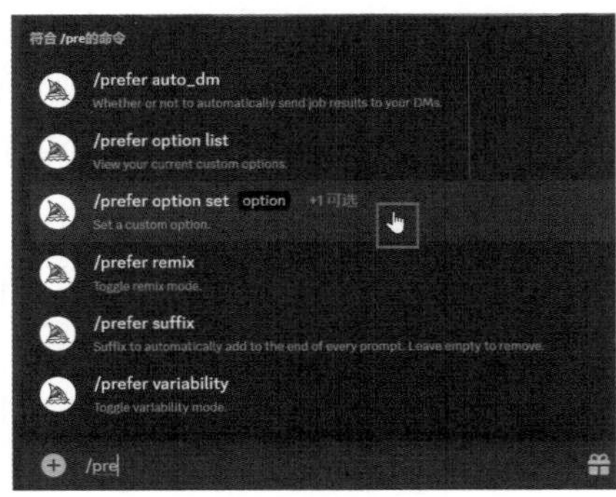

图 3-33

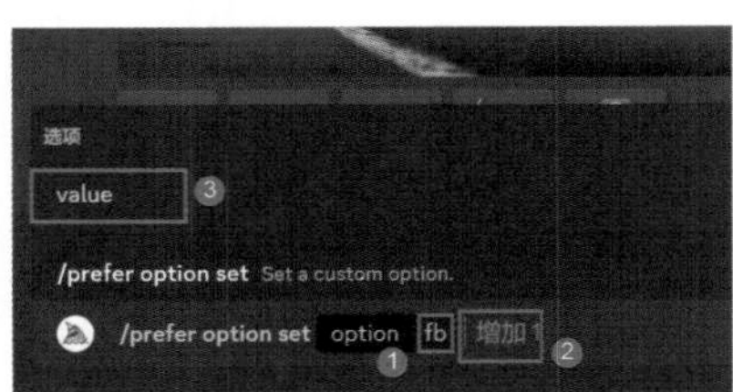

图 3-34

在value后面添加自定义的内容，比如前文刚说的full body，如图3-35所示。然后按Enter键，即可完成自定义设置。

收到机器人的回复代表设置成功，如图3-36所示。

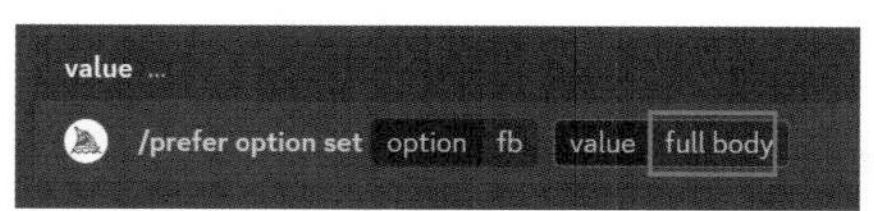

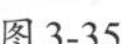

图3-35

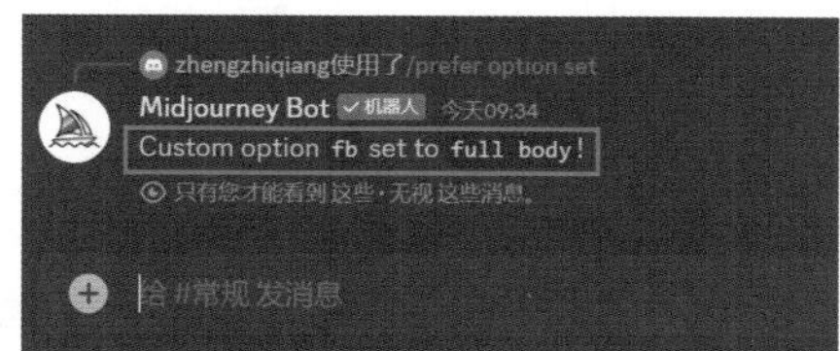

图3-36

接下来，我们先正常输入一段提示词，生成一个女孩的图片。调用/imagine命令，输入提示词a girl，可以看到生成的女孩图片，如图3-37所示。

后续调用预设也很简单，我们在输入完提示词之后，输入--fb，就可以使用自定义设置了。按Enter键后，我们可以看到完整的提示词，如图3-38所示。

图3-37

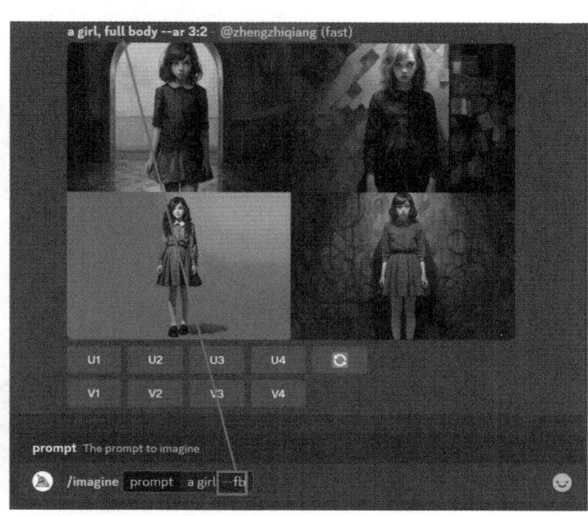

图3-38

删除/prefer option set的自定义设置也非常简单，继续使用/prefer option set命令，然后选择--fb，后面不要输入内容，再按Enter键就可以了，如图3-39所示。删除自定义设置后的提示信息如图3-40所示。

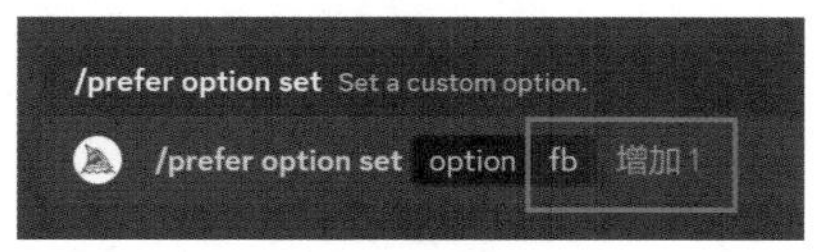

图3-39

图3-40

3.1.8 /prefer suffix：设置预设参数

/prefer suffix和/prefer option set类似，用于方便用户操作，提高内容输入的效率。例如，Midjourney生图的默认宽高比是1∶1，如果我们不喜欢这种默认宽高比，那可以通过/prefer suffix命令将--ar 3:2这一宽高比参数设为预设值，后续输入提示词并按Enter键后，你会发现提示词后自动添加了--ar 3:2，这样就可以确保默认生成的图片宽高比为3∶2。在对话框输入/p，然后在打开的列表中单击/prefer suffix命令，如图3-41所示。

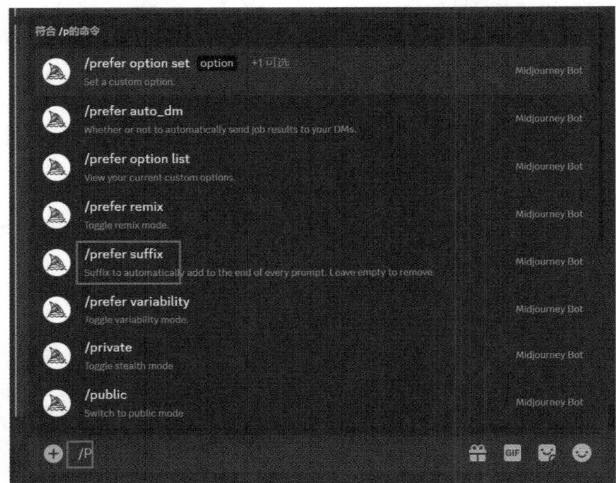

图3-41

单击new_value，如图3-42所示。

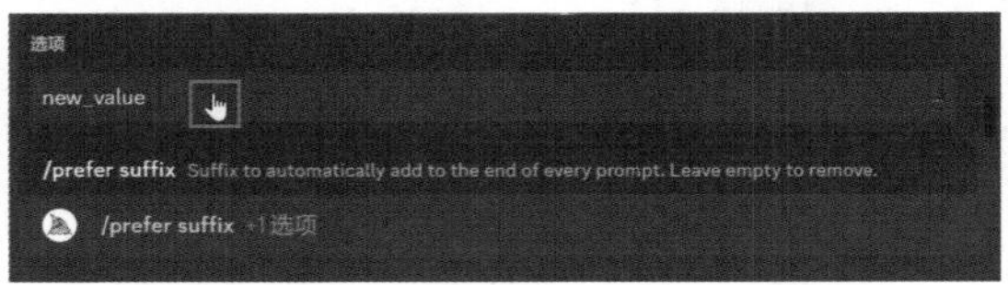

图3-42

输入想要设定的参数，如图3-43所示。

按Enter键后，即可看到该参数被设定为预设值，如图3-44所示。

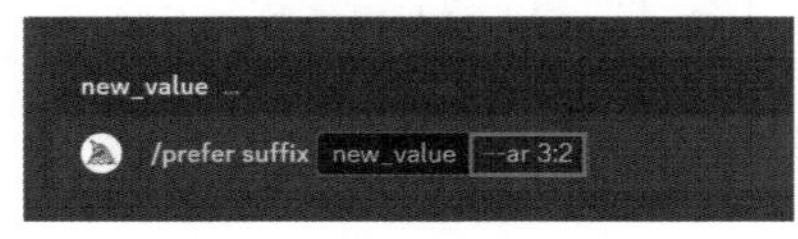

图3-43

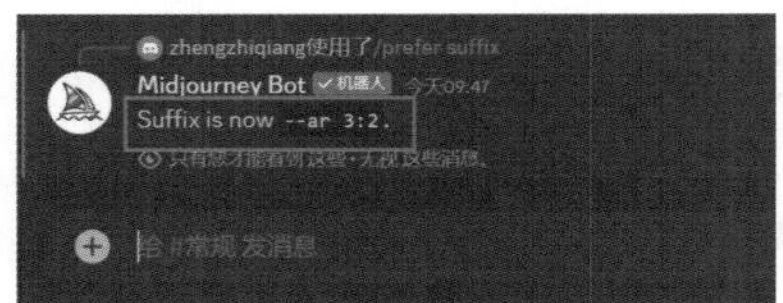

图3-44

下次输入提示词进行生图时，刚添加的参数就会自动被添加进去，如图3-45所示。

图3-45

取消参数预设时，同样使用/prefer suffix命令，之后无须选择new_value，直接按Enter键就可以了。

3.1.9 /prefer option list：查看自定义option列表

与前文所述的命令不同，/prefer option list非常简单，在对话框输入/p，然后在打开的列表中单击/prefer option list命令，按Enter键，如图3-46所示，就可以看到当前我们对提示词后缀的一些预设，如图3-47所示。

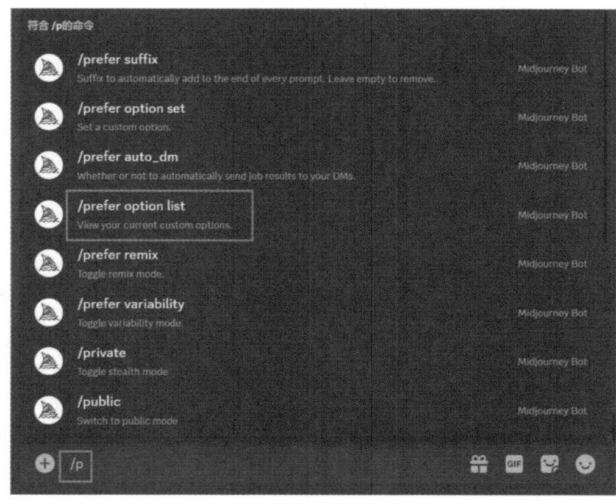

图3-46

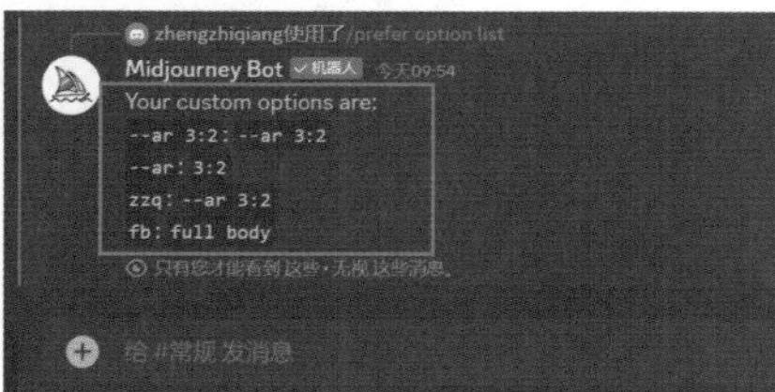

图3-47

3.2 个性化与帮助命令

3.2.1 /stealth（/private）与/public：隐藏或显示自己的内容

stealth翻译为中文是隐身的意思，public翻译为中文则是公开，与前述两个单词相对应的/stealth与/public则分别代表隐藏或公开自己生成的作品。注意，只有订阅的是Pro Plan，也就是专业版计划，才能成功使用/stealth，否则只能使用默认的/public。

同时要注意，所谓的隐藏图片只是针对Midjourney网站，即/stealth命令可阻止其他用户在Midjourney网站上看到你的图片。如果你是在Midjourney的公共频道中生成图片的，其他用户仍然可以看到它。

整体来看，/stealth这个命令其实意义不大。另外，为了让用户生成的图片完全保密，可以在私人Discord服务器进行生图的操作，其他人就不会看到了。这里的订阅不是Pro Plan，因此执行/stealth命令后，系统会提示你当前的订阅计划不支持开启隐私模式，如图3-48所示。

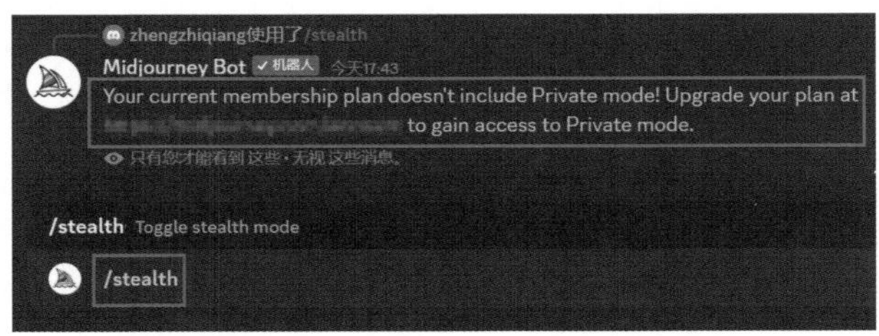

图3-48

/private与/stealth命令基本相同，都用于开启隐私模式来隐藏自己的图片。这里执行/private命令后，系统也会提示你当前的订阅计划不支持开启隐私模式，如图3-49所示。

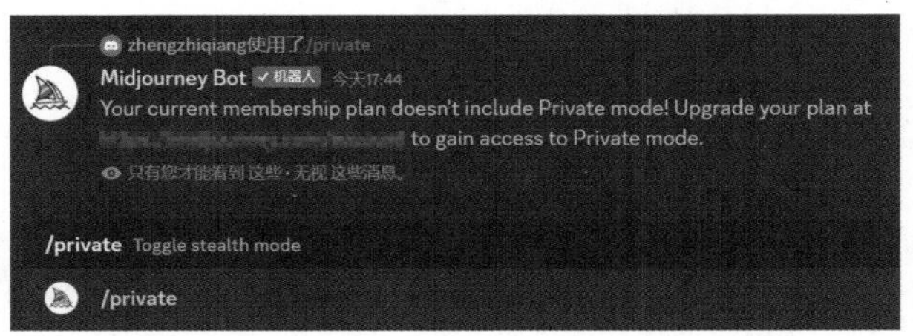

图3-49

3.2.2 /ask：向Midjourney机器人提问

该命令可以让用户向Midjourney机器人询问基本的问题，例如如何生成图片、上传图片及删除图片等。Midjourney机器人将提供大多数问题的解决方案，也可能提供一些链接让用户自己去查看详细信息。执行/ask命令后，输入自己想要提的问题，如图3-50所示。再按Enter键。

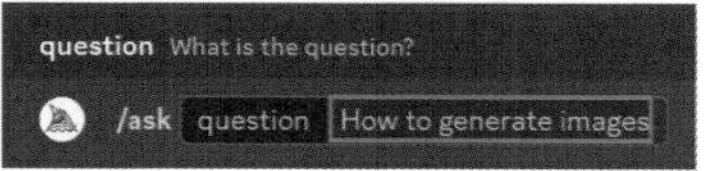

图3-50

系统回复界面如图3-51和图3-52所示。

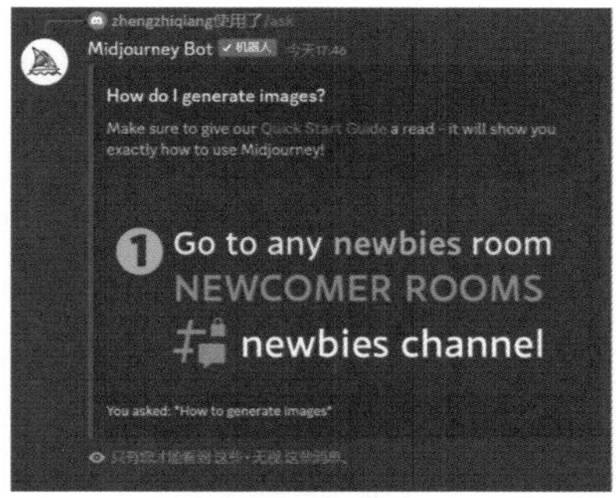

图3-51

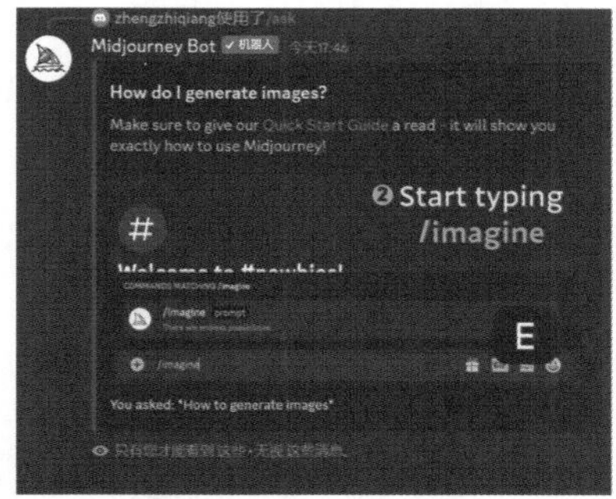

图3-52

3.2.3 /help：显示帮助信息

这个命令与/ask命令的功能类似，也属于一种功能辅助类命令。通过使用该命令，用户可以访问有关Midjourney Bot的重要信息和提示，包括快速入门指南、基本命令、参数设定和其他交互功能。使用/help命令获得的部分信息如图3-53所示。

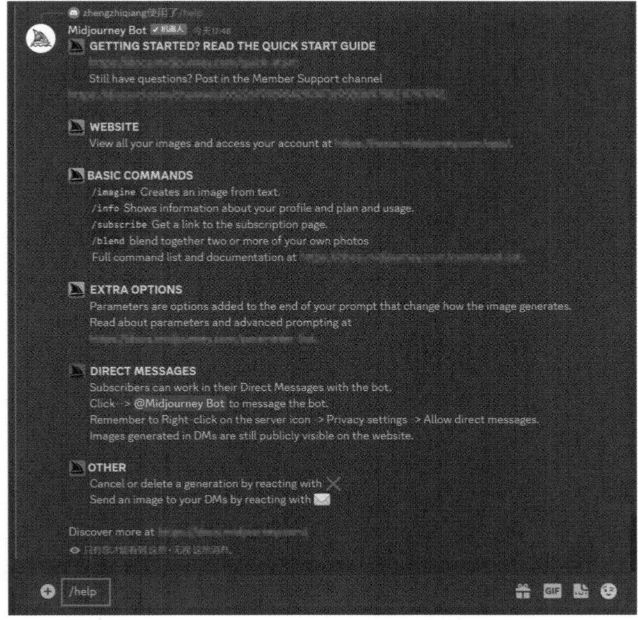

图3-53

3.2.4　/fast和/relax：快速模式和慢速模式

订阅标准版和专业版计划的用户可以使用/fast或/relax命令在快速模式和慢速模式之间切换，从而根据自己的实际需求来决定图片生成的速度。无论订阅哪一种计划，快速模式下生图是不需要排队等待的，速度很快，但会有一定的总时长限制。

所以在不是特别着急的情况下，可以考虑多使用没有总时长限制的慢速模式进行生图操作。

需要注意的是，/fast和/relax这两个命令实现的功能，用户可以通过使用/settings命令进入设置界面，直接选择快速模式或慢速模式。如图3-54所示，这里通过使用/relax命令将模式改为慢速模式。

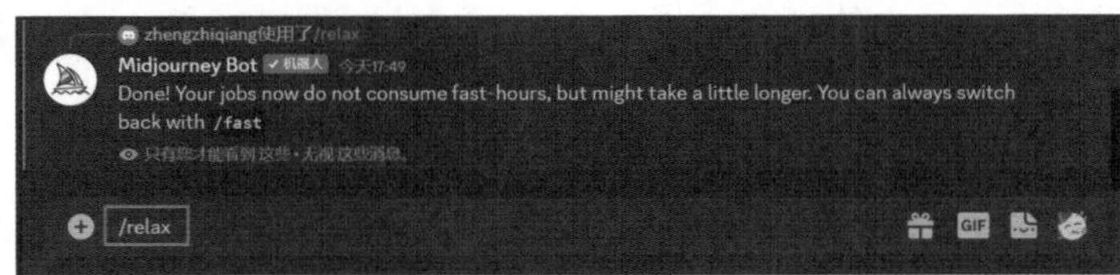

图3-54

3.2.5　/show：查看以前的某个任务

使用/show命令，结合之前所生成图片的ID（Identity Document，识别编码），可以重复执行之前的任务。

1. 图片ID的获取

首先我们来看如何获取图片的ID，主要有以下几种方法。

方法1：与Midjourney Bot进行通信来得到某图片的ID。

将鼠标指针放在生成的图片上，在右上角可以看到“添加反应”的图标，单击该图标，如图3-55所示。

在打开的“反应”界面中选择信封图标后按Enter键，如图3-56所示。

如果没有信封图标，可以输入envelope后按Enter键获取信封图标，之后选择该图标，再按Enter键，如图3-57所示。

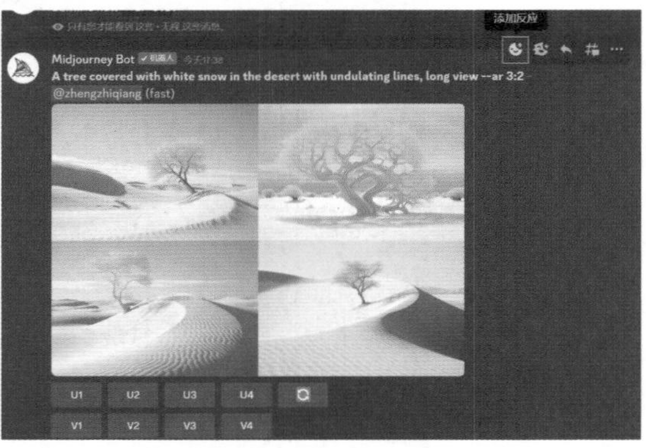

图3-55

图 3-56

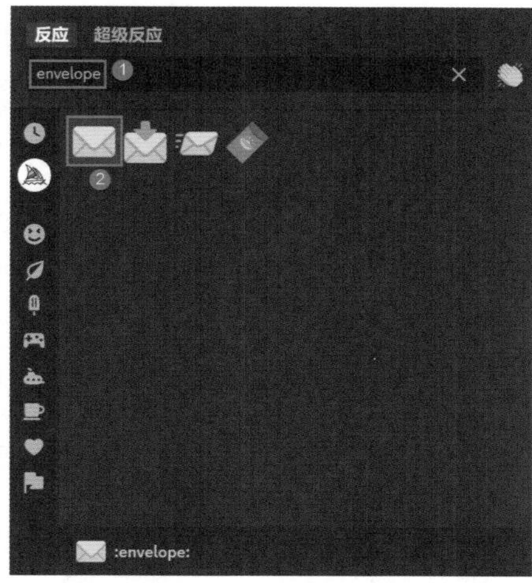

图 3-57

此时可以看到Midjourney机器人发送的消息，单击信封图标（见图3-58）可以查看消息内容。

所选图片的ID如图3-59所示。

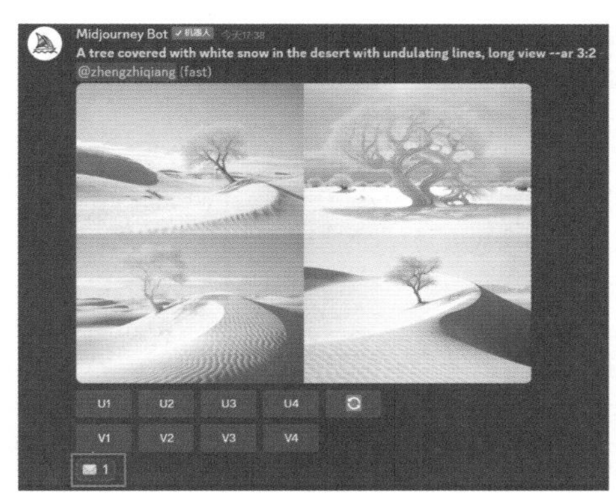

图 3-58

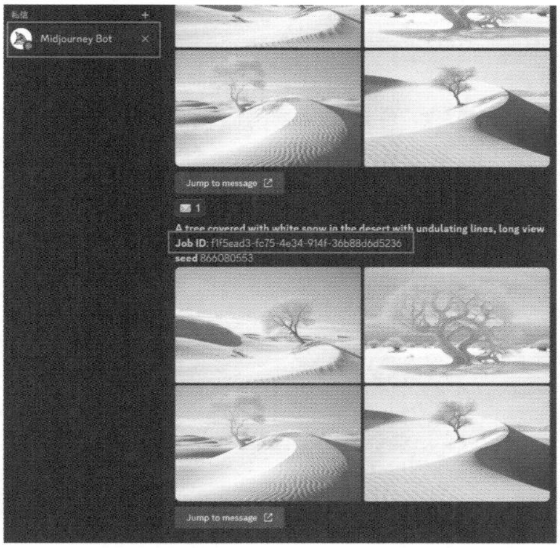

图 3-59

方法2：将图片在浏览器中打开，从浏览器地址栏中获取图片ID。

在浏览器地址栏中找到.png前的图片ID，如图3-60所示。

方法3：对之前的图片进行保存，从保存图片的名称中获取图片ID。

右击保存的图片，选择“重命名”，如图3-61所示。

在打开的重命名文本框中，在.png前可以看到图片ID，如图3-62所示。

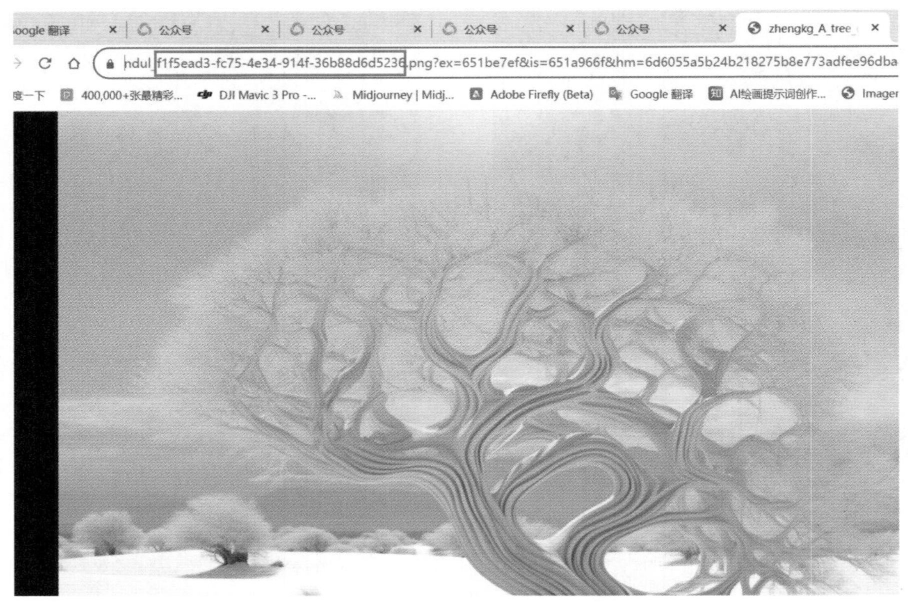

图 3-60

图 3-61　　图 3-62

2. /show命令的使用方法

下面介绍/show命令的使用方法。

在对话框中输入该命令。之后按Enter键或选择对话框上方的job_id，如图3-63所示。

此时可以看到对话框中出现了job_id文本框，在该文本框内输入想要重复执行的任务所生成图片的ID，如图3-64所示。

按Enter键即可重复执行之前的任务，效果如图3-65所示。

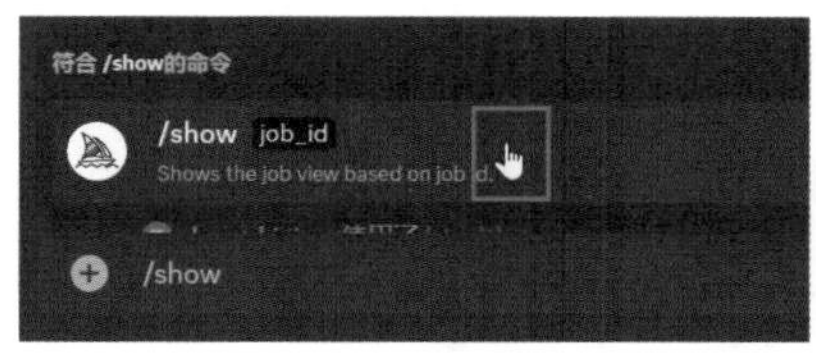

图 3-63

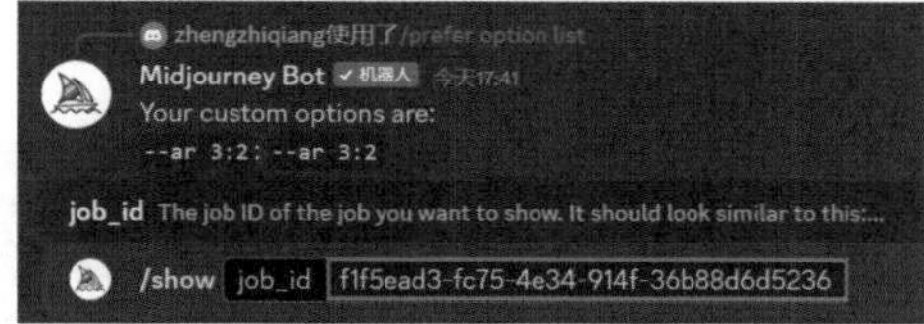

图 3-64

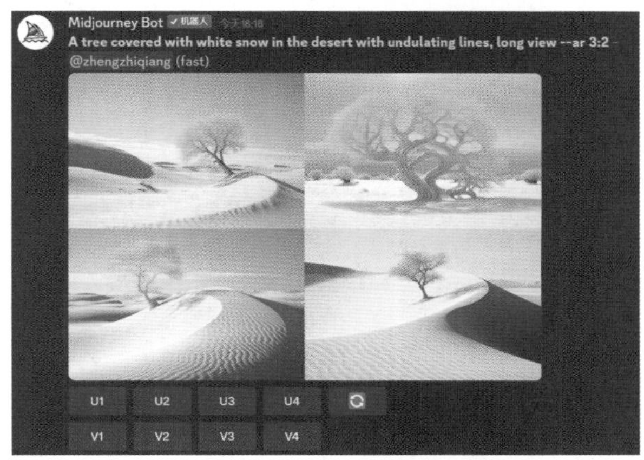

图 3-65

3.3 新增的/shorten命令：优化提示词

有时，我们设定了比较复杂的提示词，但最后发现生成的图片效果不够理想。这有可能是因为提示词过于烦琐，并且侧重点不合理，最终导致生成图片的效果不够理想。新增的/shorten命令可以自动检查我们输入的提示词，判断出哪些提示词是有问题的，从而帮助我们对提示词进行优化。

之后我们可以在优化后的提示词的基础上进行一定的修改，或者完全不动，重新生成图片，让最终图片的效果更符合我们的预期。

下面来看具体案例。我们在翻译软件中输入这样一段中文提示词："怀旧肖像，森林里一个穿白色连衣裙的美女，侧视图，膝盖以上视图，柔和的灯光，半身，真实照片"，将其翻译成英文。

输入英文提示词"nostalgic portrait, Beautiful woman wearing white dress on forest background, side view, View from above the knee, soft lighting, half body, real photo"，生成的图片如图3-66所示。

可以看到，生成的图片并没有像提示词限定得那样准确。

下面我们使用/shorten命令对提示词进行检查，使用/shorten命令，输入英文提示词，如图3-67所示。经过检查，发现系统删除了一些不必要的内容。

图3-66

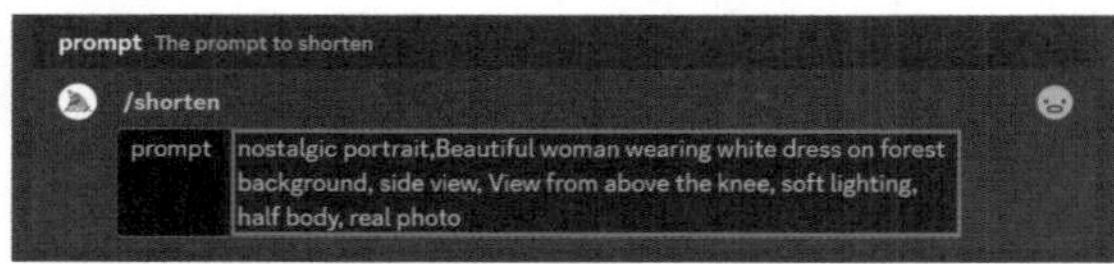

图3-67

系统删除的提示词如图3-68所示。

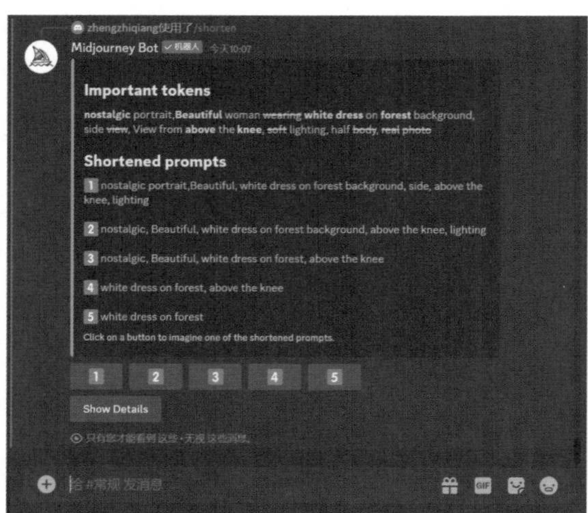

图3-68

之后，我们以系统优化过的第一段提示词重新生图，得到了想要的效果，如图3-69所示。

图3-69

3.4 下载网格图片的两种方法

首先，我们来看下载网格图片的两种方法。我们进行AI绘图之后，可以看到初始的网格图片，初始网格图片的尺寸是非常小的，那么如果我们要保存大图，需要提前进行操作。

第一种保存方法是在浏览器中进行下载。

将鼠标指针放到生成的网格图片上单击，如图3-70所示，此时图片会被放大，但仍然不是特别大。

单击图片左下角的"在浏览器中打开"，如图3-71所示，这样，网格图片会被载入浏览器，并以大尺寸的方式打开。

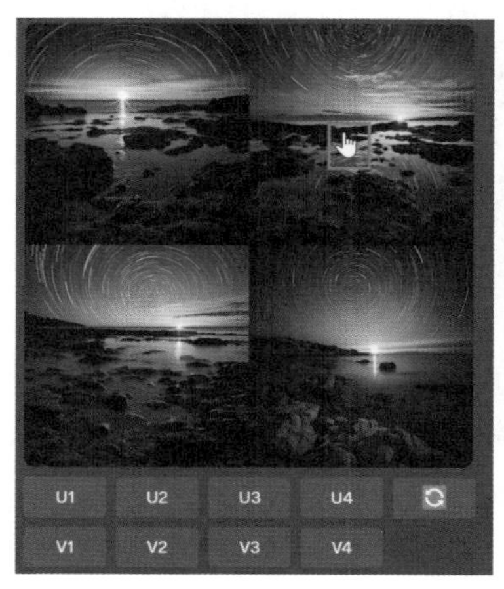

图3-70

图3-71

打开大尺寸图片之后，单击鼠标右键，在弹出的菜单中选择“图片另存为”，如图3-72所示，就可以将图片保存到我们的计算机上，并且是大尺寸的。

图3-72

第二种保存方法是直接通过菜单保存。直接在生成的网格图片上单击鼠标右键，在弹出的菜单中选择“保存图片”就可以了，如图3-73所示。这种操作方式更简单，但问题在于它无法呈现更大的预览图。

图3-73

04

第4章 Midjourney设置命令的全方位应用

/settings是综合性非常强的设置命令，可以进行较多的设置和实际操作应用，所以我们在本章单独讲解该命令下各种子命令的使用技巧，以及不同功能的使用方法。

4.1 进入settings设置界面

进入Midjourney的某个服务器，在下方的对话框中输入/settings后按Enter键，可以呼出设置界面，在该界面中可以设置Midjourney的版本、图像风格、隐私模式、生图模式等。下面我们来看一下这些设置的具体意义。

在文本框中输入/se，然后选择/settings命令，如图4-1所示，再按Enter键。

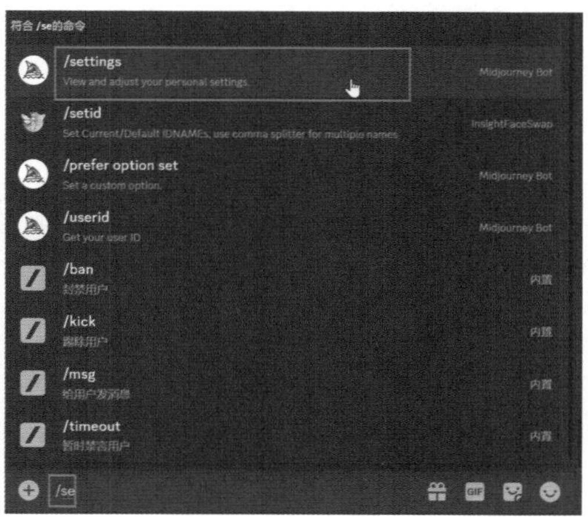

图4-1

打开设置界面，如图4-2所示。

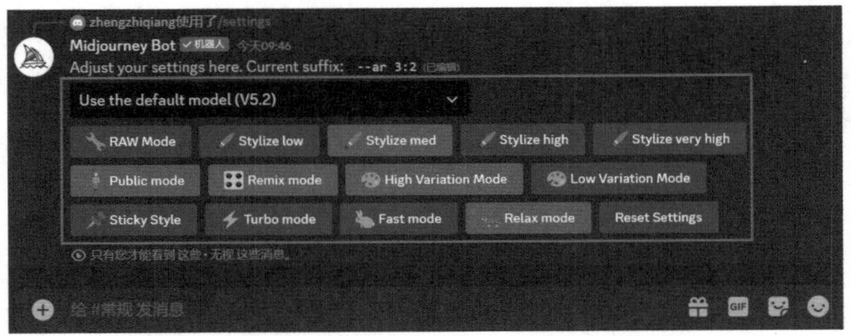

图 4-2

4.2 版本区别与设定

第一行是一个下拉列表框，列出了当前使用的Midjourney模型版本。默认状态下是Use the default model，即使用默认版本，而当前比较成熟的是V5.2，所以系统默认使用的就是V5.2（后续随着V6[ALPHA]的成熟，默认版本会发生变化）。

Midjourney的版本更新非常快，在2023年3月最新版本是V5.0，到5月的时候更新到V5.1，6月更新到了V5.2，12月更新到了V6[ALPHA]。需要注意的是，这里的ALPHA有初始的含义，即V6[ALPHA]是V6的第一个，后续可能会有新的V6.X。

4.2.1 认识Niji Model

单击展开下拉列表后，可以看到目前所有的主要版本号，在列表右侧拖动滑块，可以看到之前较早的一些版本，如图4-3～图4-5所示。最终我们可以知道，当前Midjourney的版本包括V1、V2、V3、V4、V5.0、V5.1、V5.2、V6[ALPHA]，以及Niji Model系列版本V4、V5和V6[ALPHA]。

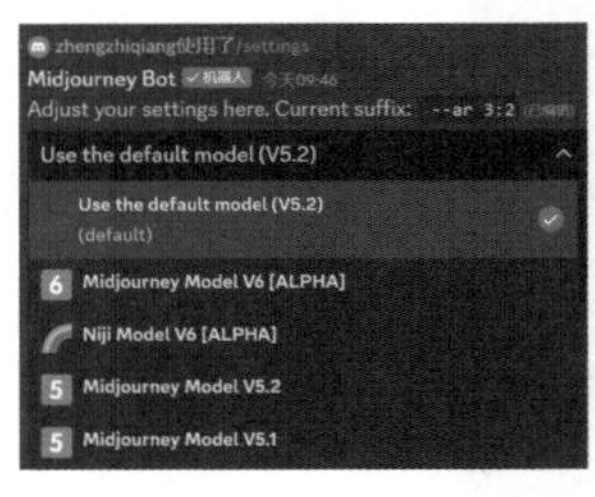

图 4-3

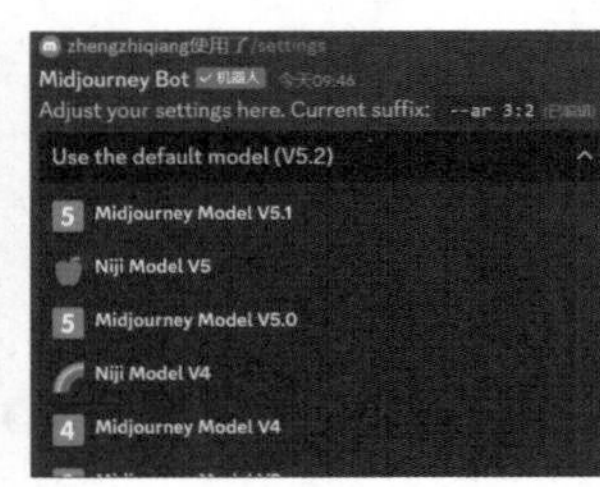

图 4-4

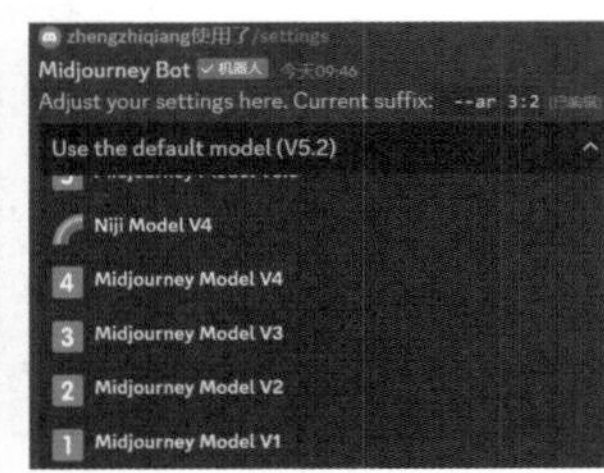

图 4-5

Niji Model的正式名称为niji·journey，版本有V4、V5，以及2024年1月底推出的V6[ALPHA]。niji.journey是Midjourney官方与来自麻省理工学院的AI团队Spellbrush合作开发的一款专门针对动漫风格的AI模型，它拥有强大的动漫作品生成能力。

设定Niji Model V6[ALPHA]后，如果再次进行AI绘图操作，那么生成的图片就会具有动漫的画面效果。比如我们设定这样一段提示词“森林中的一个精灵族女战士”。设定/imagine命令，然后将翻译后的英文提示词“An elf female warrior in the forest --ar 3:2 --niji 6”复制到prompt后的文本框中，按Enter键，之后可以看到生成的图片，如图4-6所示。

图4-6

4.2.2 不同版本设置界面的差别

设定不同的Midjourney或Niji Model版本，其设置界面会发生较大变化。通常来说，较新的版本功能更多、更强大，所生图细节更多、更逼真。Midjourney Model V6[ALPHA]的设置界面如图4-7所示，Midjourney Model V4的设置界面如图4-8所示，Niji Model V6[ALPHA]的设置界面如图4-9所示，Niji Model V4的设置界面如图4-10所示。

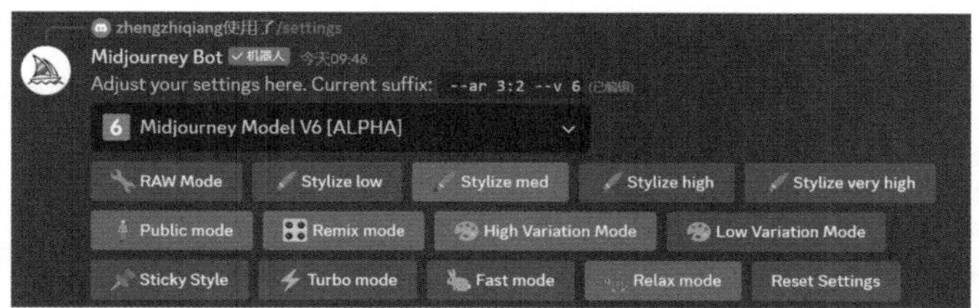

图4-7

Midjourney设定新的V6[ALPHA]后，界面中多了一些选项，后续我们将以新的V6[ALPHA]为例讲解各种设置命令的功能及用法。

要注意的是，对初始网格图片进行放大后，相应的设置界面也有较大变化，后续我们也会详细讲解。

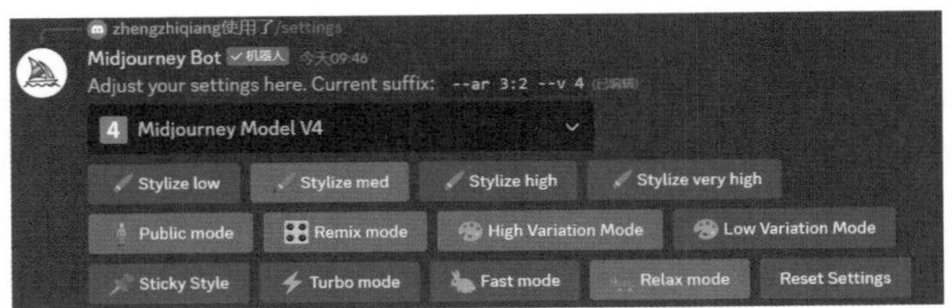

图 4-8

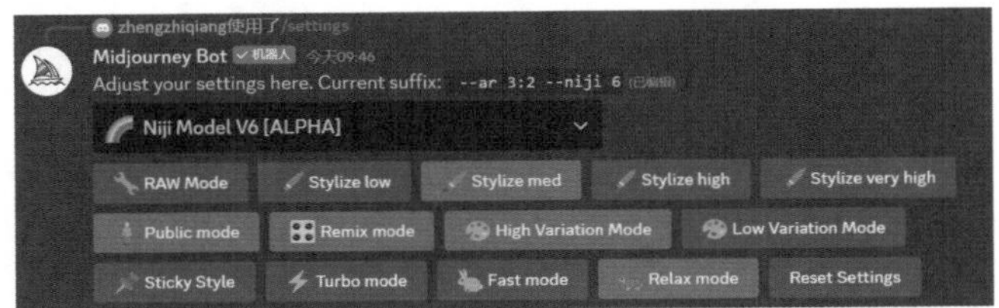

图 4-9

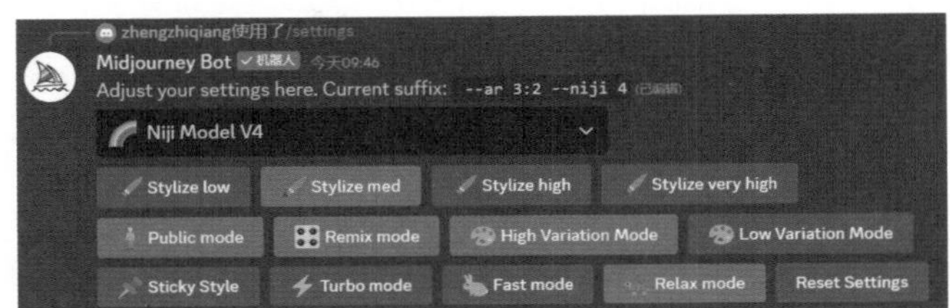

图 4-10

4.2.3 Midjourney不同版本的成像质量

输入英文提示词“A lily flower, real photo”，按Enter键后可以生成一朵百合。分别使用V3、V4、V5.2和V6进行生成，可以看到随着版本的升高，生成图片的细节越来越多，图片质量也越来越高，如图4-11～图4-14所示。

图 4-11

图 4-12

图4-13

图4-14

4.3 风格化设定

接下来看V6[ALPHA]设置界面的第2行选项——风格化选项，如图4-15所示。

图4-15

先来看第2~第5个选项，Stylize是风格化的意思，加上后面的限定词，是风格化由低到非常高的设定，其中med是medium的缩写，中等的意思。这行选项可以用来设定所生成图片风格化程度的高低，低风格化的设置比较尊重提示词的原意，但生成图片的艺术表现力较差；高风格化的设置与提示词的原意相差较大，但生成的图片更具艺术表现力。

提示：艺术表现力这个词不太直观，我们可以从摄影图片的角度来理解，低风格化的图片色彩饱和度低、反差小，更接近原片效果；高风格化的图片色彩浓郁、反差较大，更接近经过后期处理的图片。

再来看第1个选项RAW Mode，它是指去除一切风格化设定。有摄影基础的用户可能了解，RAW格式文件存储的是相机拍摄的原始数据，没有经过任何的加工与处理。在Midjourney中，RAW Mode对应的就是没有任何风格化设定的图片效果。

在第6章我们将介绍--s这个参数，该参数能实现的效果与风格化选项的功能基本是一样的。--s参数的取值范围是0~1000，上述5个选项对应的风格化参数分别是0、50、100、250和750。

图4-16～图4-19所示分别对应的是RAW Mode、Stylize med、Stylize high和Stylize very high这4种设置所生成的图片效果。

图4-16

图4-17

图4-18

图4-19

4.4 生图模式设定

第3行有多个选项，如图4-20所示，主要用于控制不同的生图模式。

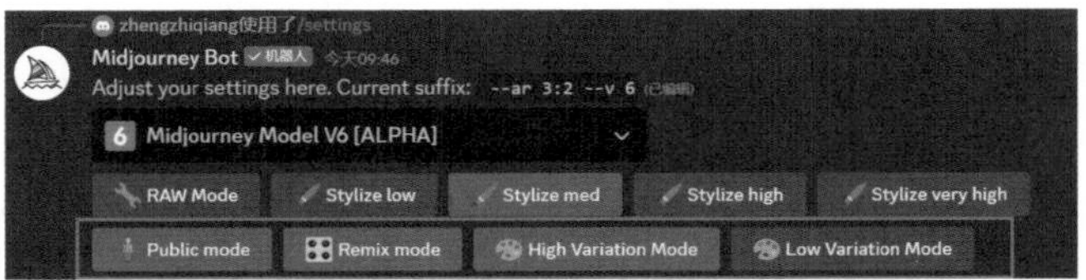

图4-20

第1个选项是Public mode（公开模式），表示生成的图片将会被公开，其他人也能看到，即其他人可通过你的个人主页（Midjourney官方社区）看到你生成的图片。

如果你购买了专业版订阅计划，可以单击此选项让其变灰，表示为隐私模式。但要注意，即便你是专业版订阅用户，如果在公共服务器进行AI绘图，也无法通过禁用Public mode选项阻止其他人看到你生成的图片，最好的办法是在个人创建的服务器内生成图片。

如果你购买的是基础版或标准版订阅计划，那么Public mode选项只能处于绿色的激活状态，如图4-21所示。

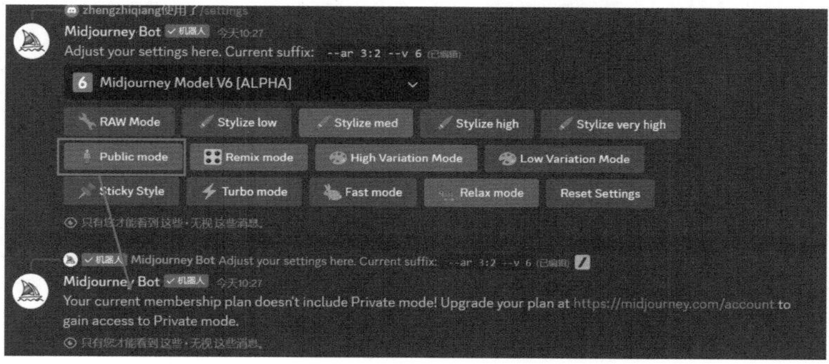

图4-21

第2个选项Remix mode通常被称为混音模式。在开启该模式后，提交重新生图类操作时，系统会弹出Remix Prompt对话框，在其中可以修改提示词，如图4-22所示。这是非常有用的一个选项。

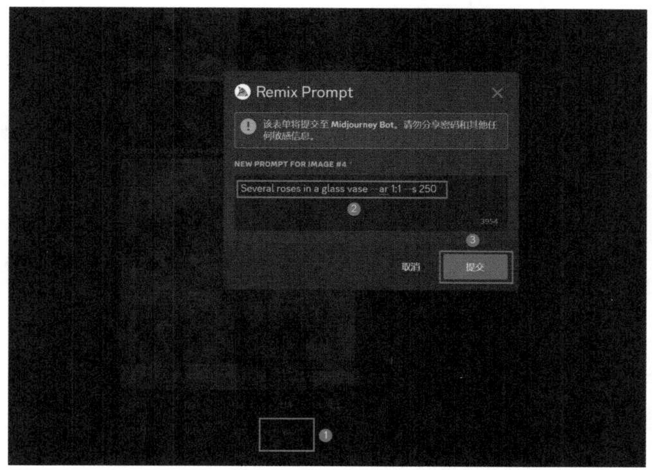

图4-22

High Variation Mode和Low Variation Mode两个选项对应的是高变化模式和低变化

模式。我们通常选择高变化模式，因为它可以增加画面的多样性，让初始网格画面之间的区别更加明显。

来看具体案例，输入英文提示词“A hedgehog knight holding a shield and sword in the magical forest”，中文翻译为“魔幻森林里，一个刺猬骑士拿着盾牌和长剑”，按Enter键，可以看到，在高变化模式下，画面之间差别较大，如图4-23所示。

在低变化模式下，画面之间的差距要小一些，如图4-24所示。

图 4-23

图 4-24

4.5 生图速度设定与Sticky Style预设

4.5.1 生图速度设定

设置界面的最后一行如图4-25所示。左侧第1个选项用于固定Style的值，是一种生图风格的预设选项；中间3个选项可用于设定生图速度。

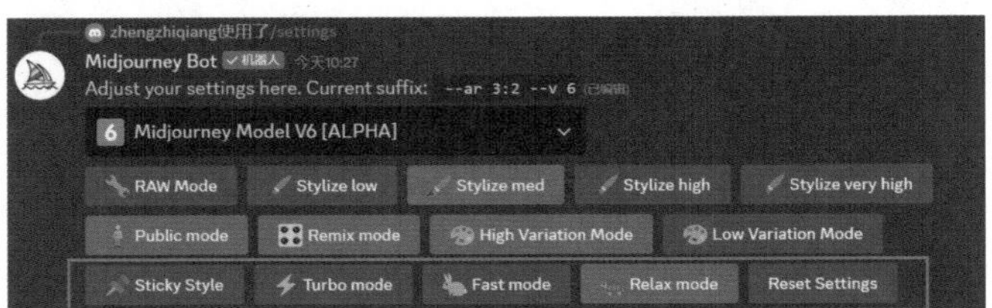

图 4-25

下面来看用于设定生图速度的设置。第2个选项为Turbo mode，为涡轮模式，表示极快的生图速度，这是2023年6月更新的一个功能，也被称为“土豪模式”。它可以将生成图片的速度相对于快速模式提高4倍，但使用的快速时间会增加两倍。此功能只能在使用快速时间时生效。例如，如果你是专业版订阅用户，拥有30小时的快速时间，在用完快速时间后就无法选择此模式。通常情况下，除非你需要非常快速地生成图片，否则不用勾选此选项，因为它会消耗双倍的快速时间。

第3个选项为Fast mode，为快速模式，是兔子图标，如果你是专业版订阅用户，那么你可以同时运行12张图片，生成速度非常快，但成本也会相对较高。当你的快速时间用完后，就会进入慢速模式，按钮会变成乌龟图标的Relax mode。

最后一个选项为Reset Settings，即重置设置菜单，可以将菜单恢复为默认状态。

提示：我们在第3章讲解过/fast与/relax命令，这两个命令的功能与生图速度设定当中的快速模式和慢速模式功能是相同的。

4.5.2 Sticky Style模式

2023年11月，Midjourney新增了Sticky Style模式，它可以将我们最后使用的提示词中的--style参数固定下来，之后写的提示词中即使没有使用--style参数，系统也会自动帮我们加上。这类似于之前的自定义参数。

Sticky Style模式的具体操作方式如下。

（1）在/settings设置中开启Sticky Style模式。

（2）设定提示词，生成一组初始的网格图片，生图时注意确定--style参数。

（3）换一组提示词，再次进行生图操作。此时，我们不需要再次设定--style参数，系统会自动为我们添加上一次生图时所使用的--style参数。

（4）如果后续我们再次手动设定--style参数，那么下一次生图时，系统也会添加我们手动设定的新的--style参数。

05

第5章 图片升频、修图、扩图与管理

使用Midjourney生成的初始网格图片，可以使用升频功能进行升频。而对于升频后的图片，我们可以保存待用，也可以继续进行修图与扩图，以便让图片效果更符合我们的预期。

5.1 变体设置

首先我们来看升频的概念。在图片应用领域，升频是指对图片的尺寸和分辨率进行提升，以得到更细腻的画质效果。在Midjourney中，我们通过提示词生成的原始网格图片是小尺寸的预览图，如果我们感觉某张图片不错，那么可以选择对该图片进行放大，这个过程就称为升频。

我们生成初始网格图片后，可能会选择某种自己比较想要的效果对图片进行放大，也就是升频，这里单击U4进行升频，如图5-1所示。升频后的图片下方出现了多个按钮，如图5-2所示。

图5-1

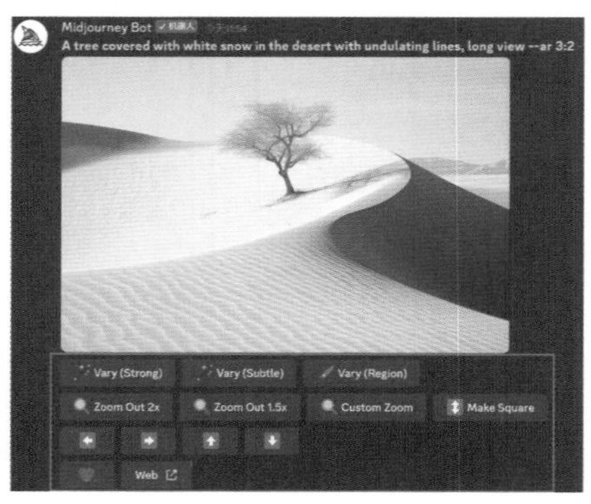

图5-2

之后，我们还可以对升频之后的这张大图进行变体操作，变化出与之相近的某些效果，最后从中选择更进一步优化的效果。

最上方一行是变体及局部处理按钮，如图5-3所示。Midjourney中进行变体操作的命令按钮是Vary(Strong)和Vary(Subtle)，分别对应的是强变化和轻微变化，单击任何一个按钮，都可以在当前已经升频过的图片的基础上进行变体，生成一组新的网格图片。所不同的是，单击Vary(Strong)按钮可以得到强烈变化的一组网格图片，单击Vary(Subtle)会生成变化非常小、与原图片比较相似的一组网格图片。这里单击Vary(Strong)按钮进行强变体操作，如图5-4所示。

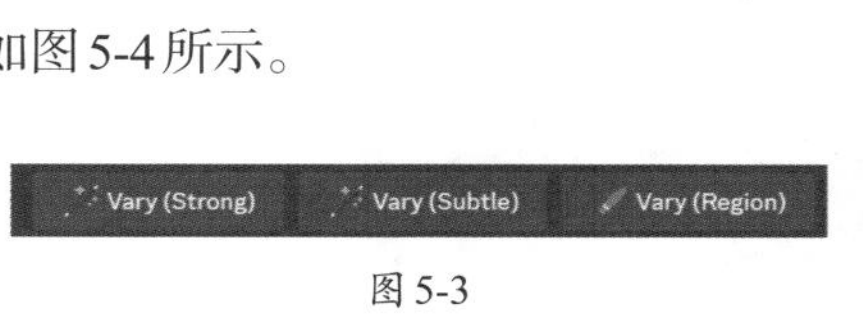

图5-3

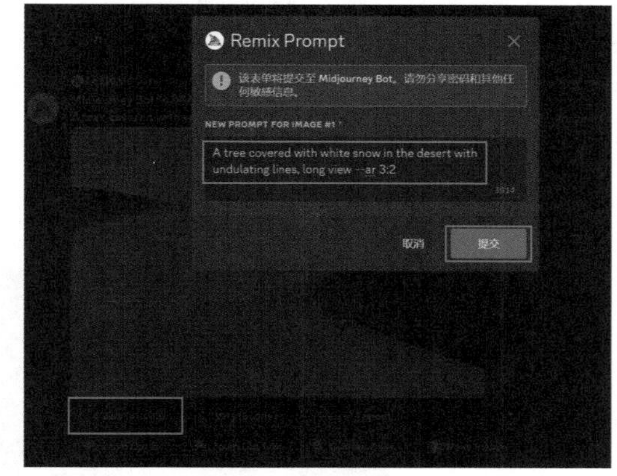

图5-4

得到强变体后的网格图片，可以看到图片与升频前的原图片相近，但有区别，如图5-5所示。

之后，我们进行弱变体操作，可以看到得到的网格图片与升频前的原图片更相似，如图5-6所示。

图5-5

图5-6

5.2 局部重绘功能

Vary(Region)并不是一个非常简单的生图功能，而是参考Adobe Firefly模型推出的一个可对已经生成的图片进行局部修改的功能。具体来说，如果我们对已经生成的图片中的某些元素感到不满意，那么可以借助Vary(Region)来进行修改。

5.2.1 局部重绘功能使用案例1

实际操作时，只要用鼠标指针对应的Lasso Tool（套索工具）选择修改区域，然后输入提示词，就可以修改这些局部元素，从而得到我们想要的效果。

下面来看具体的应用案例。

首先，我们在Midjourney中输入英文提示词“A woman holding a dog sits in the living room, which is decorated in modern style, real photo”，中文翻译为“一个抱着狗的女人坐在客厅里，客厅是现代化装修风格，真实照片”。生成的图片如图5-7所示。

图5-7

在生成的图片中我们对第4张比较满意，即右下角的图片。单击U4，如图5-8所示，对第4张图片进行升频。我们想将狗换成猫的形象，单击Vary(Region)，如图5-9所示。

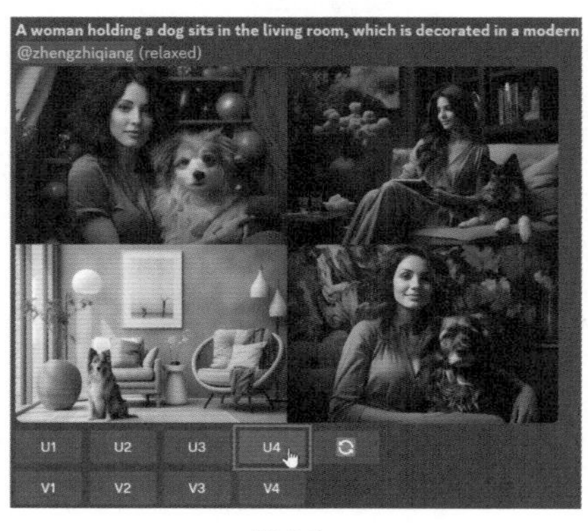

图5-8

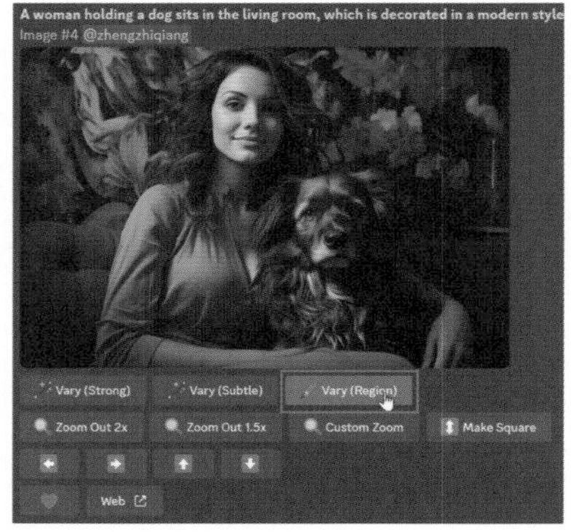

图5-9

单击套索工具，如图5-10所示。

图 5-10

用套索工具将狗全部涂抹出来，之后在提示词中将dog更换为cat，然后单击右侧的执行按钮，如图5-11所示。

图 5-11

此时会得到局部重绘并修改提示词之后的网格图片，如图5-12所示。

图 5-12

对我们比较满意的第2张图片升频即可，如图5-13所示。

图5-13

5.2.2 局部重绘功能使用案例2

再来看一个借助Vary(Region)进行图片局部重绘的案例。第一张图片的光影和整体效果都比较好，因此单击U1对图片进行升频，如图5-14所示。

对图片升频后，单击右下角的Vary(Region)按钮，如图5-15所示。

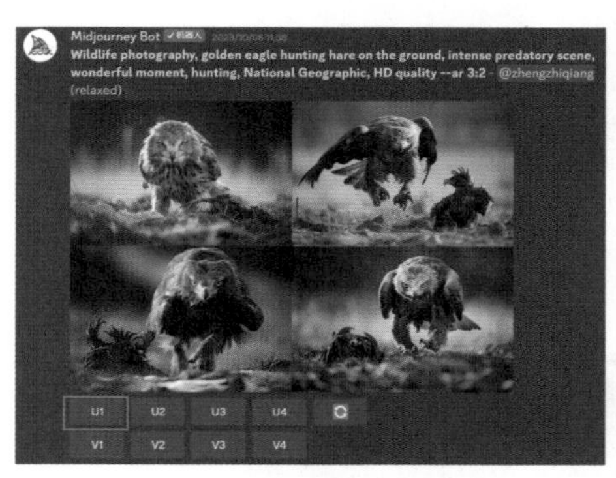

图5-14

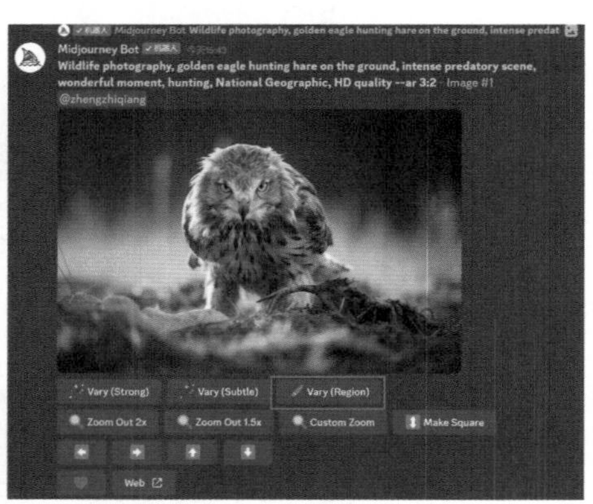

图5-15

单击矩形选框工具，选择鹰隼下方的矩形区域，在对话框中输入some flowers，然后单击执行按钮，如图5-16所示。

此时可以看到局部重绘后的网格图片，下方添加了野花。提示词后有Variations的提示，如图5-17所示。

最后保存图片就可以了，如图5-18所示。当然，也可以从中选择某一张再次升频后单独保存。

图 5-16

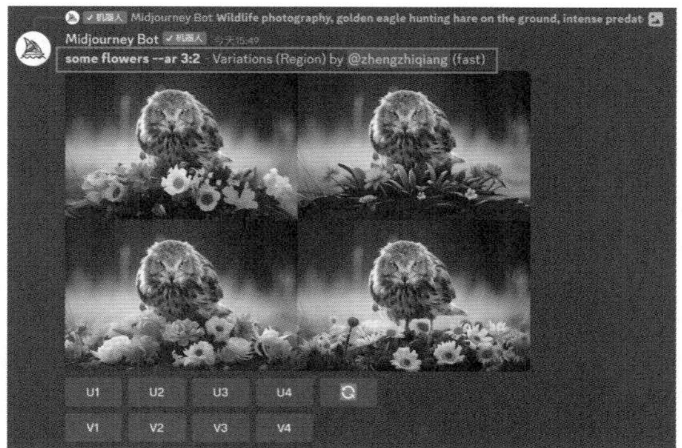

图 5-17

图 5-18

当然也可以更改其他类型的图片，比如说修改人物，可以将眼睛的部位框选出来，然后绘制墨镜；也可以把人物全部框选出来，换成其他动物等。如果一次重绘的效果不好，那么可以再来几次。

5.3 无限扩图

借助Zoom功能和Pan功能，我们可以对所生成的AI图片进行扩充，Midjourney会自动填充四周或某个方向上扩充出来的部分。

5.3.1 利用Zoom功能无限扩图

对于扩充选项，从设置界面我们可以看到有2倍扩充（Zoom Out 2x）、1.5倍扩充（Zoom Out 1.5x）、自定义扩充（Custom Zoom）和方形扩充（Make Square）。

下面我们通过具体的案例来介绍这些扩充的效果。

输入英文提示词“Landscape photography, scenery of Huangshan Mountain in China, sunrise, warm colors, National Geographic, real photos”，其中文翻译为“风光摄影，中国黄山风光，日出时分，暖色调，国家地理，真实照片”。

由于是风光类题材，我们可以考虑设置宽高比为3：2或16：9。这里我们设定为3：2，在Midjourney中生成的网格图片如图5-19所示。

图5-19

单击U1按钮，如图5-20所示，对第1张图片进行升频。升频后的图片如图5-21所示。

之所以选择对第1张图片进行升频，是因为这张图片前景树木右侧、太阳上方等区域显得比较紧，后续可以进行扩充。

首先我们进行2倍、1.5倍和方形扩充。单击Zoom Out 2x进行2倍扩充，如图5-22所示。单击Zoom Out 1.5x进行1.5倍扩充，如图5-23所示。可以看到，2倍扩充后的视角明显更广。

图 5-20

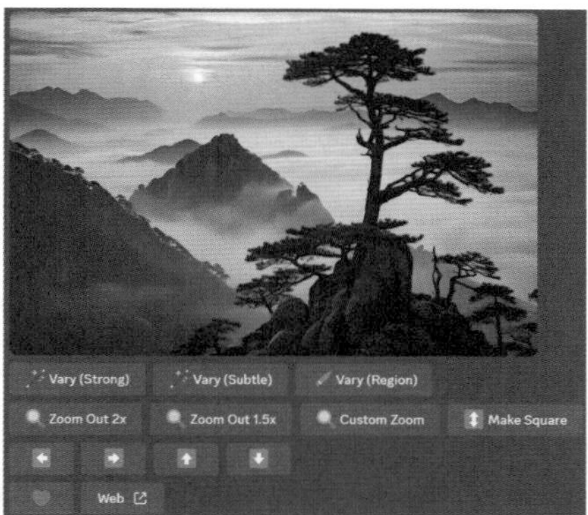

图 5-21

图 5-22

图 5-23

这里要注意，因为原始图片的宽高比为3：2，所以使用方形扩充时，Midjourney只会扩充短边，将短边扩充至与长边等长，最终得到方形画面，如图5-24所示。

之后，准备进行自定义扩充。即便是自定义放大，其放大比例范围也只能在1～2之间，但进行自定义放大的优势在于我们可以对提示词进行修改，单击Custom Zoom按钮，在打开的Zoom Out对话框中，我们可以保持默认的2倍放大不变，但可以将图片的宽高比改为16：9，这样更有利于表现风光题材。在其中修改生图的宽高比为16：9，并修改为2倍扩充，之后，单击“提交”按钮，如图5-25所示。

图5-24

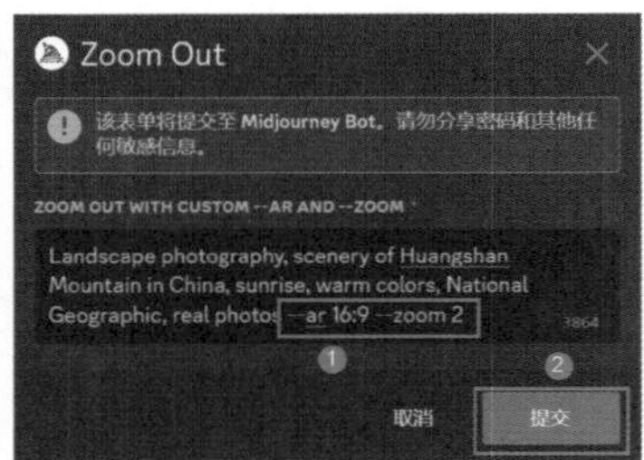

图5-25

最终，我们可以将所生成图片的宽高比改为16：9并进行2倍扩充，如图5-26所示。

图5-26

5.3.2 利用Pan功能无限扩图

在掌握前述扩充方法后，下面的4种扩充方式就比较容易理解了。可以看到有向左、向右、向上和向下的4个箭头按钮（也称为Pan按钮），分别对应向这4个方向对图片进行扩充，如图5-27所示。

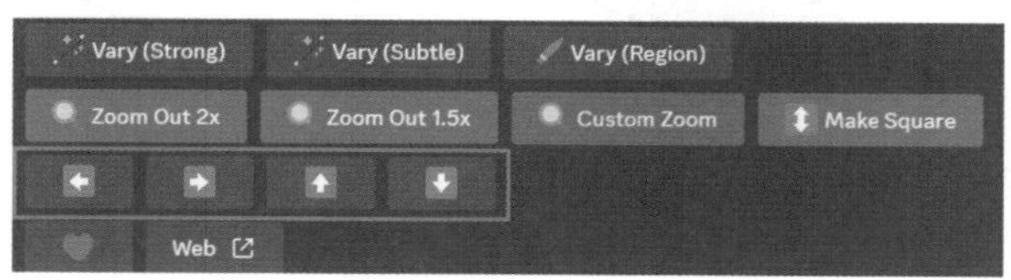

图5-27

对于之前生成的原始图片，我们可以直接单击对应方向的按钮进行该方向的扩充。这里我们单击向右扩充的按钮，此时会打开一个名为Pan Right（向右扩充）的对话框，在对话框中我们可以修改提示词，包括图片宽高比等参数，这里改为16 : 9，之后单击“提交”按钮，如图5-28所示。可以生成向右扩充且改变了宽高比的图片，如图5-29所示。

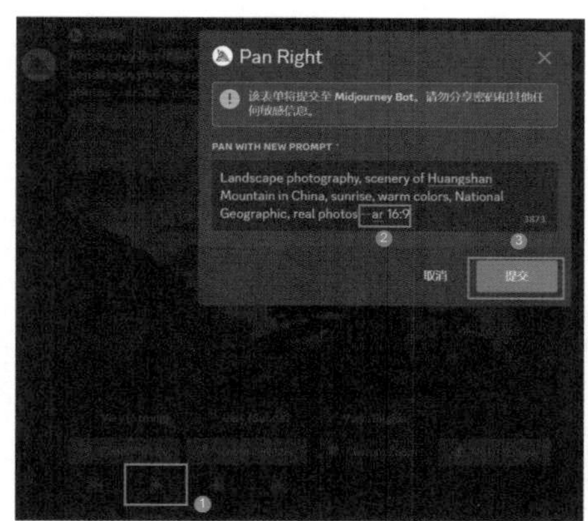

图5-28

图5-29

对图片进行扩充之后，我们会得到网格图片，选中比较符合要求或比较满意的图片之后，可以单击U按钮得到升频后的大图。接着，可以再次使用Zoom或Pan功能进行扩充，这样就可以实现无限扩图的效果。

下面看无限扩图的实际操作。

输入英文提示词“a beautiful girl”，中文翻译为“一个漂亮的女孩”，参数为--ar 3:2。生成网格图片后，选择第1张进行升频，如图5-30所示。进行2倍扩充后的图片如图5-31所示。

图 5-30

图 5-31

选择第2张图片进行升频，如图5-32所示。对升频后的图片进行2倍扩充，如图5-33所示。

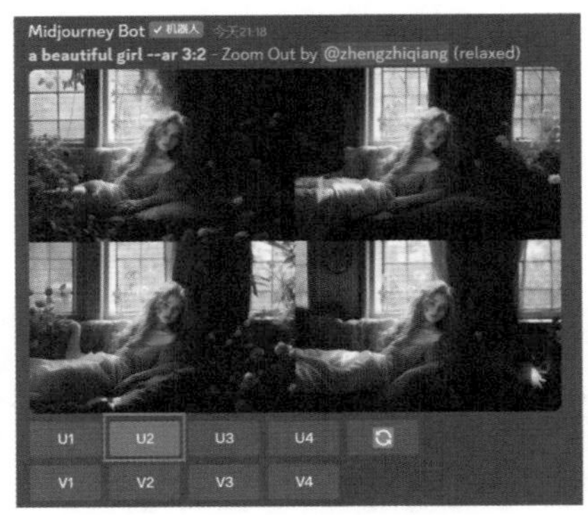

图 5-32

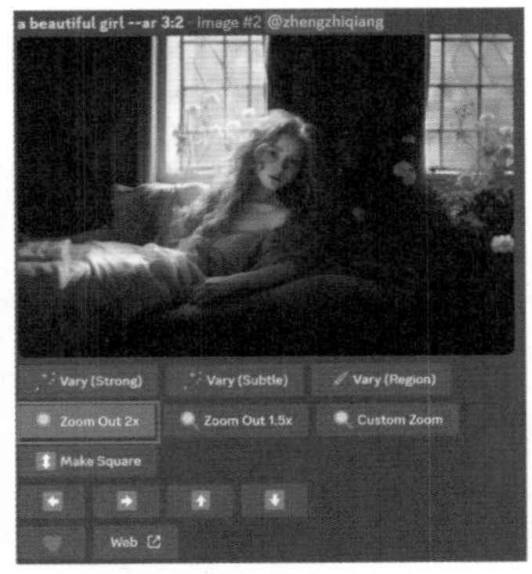

图 5-33

这样循环选择、升频和扩充，就可以得到无限扩充的图片。

图5-34 ~ 图5-37所示分别是原始AI图片、2倍扩充后的图片、4倍扩充后的图片和8倍扩充后的图片。

图 5-34

图 5-35

图 5-36

图 5-37

如果我们需要，还可以继续进行扩充，最终实现无限扩图。

5.4 图片升频后的管理

借助Midjourney进行AI生图，生成网格图片之后，我们可以对某一张想要的图片进行升频，那么对于升频之后的图片，我们可以直接保存，也可以进行收藏等处理，还可以进入Midjourney的个人主页进行图片的批量管理。

下面介绍图片升频之后的管理技巧。

5.4.1 收藏图片，进入个人主页

生成初始网格图片之后，如果我们对其中的某一张图片比较感兴趣，那么可以对其进行升频。这里选择对第3张图片进行升频，如图5-38所示。

升频之后的图片下方有设置菜单，在设置菜单下方有收藏和Web两个按钮。单击左侧的收藏按钮可以收藏图片，这里要注意，收藏的图片是在个人主页中体现的；单击右侧的Web按钮可以进入个人主页，如图5-39所示。

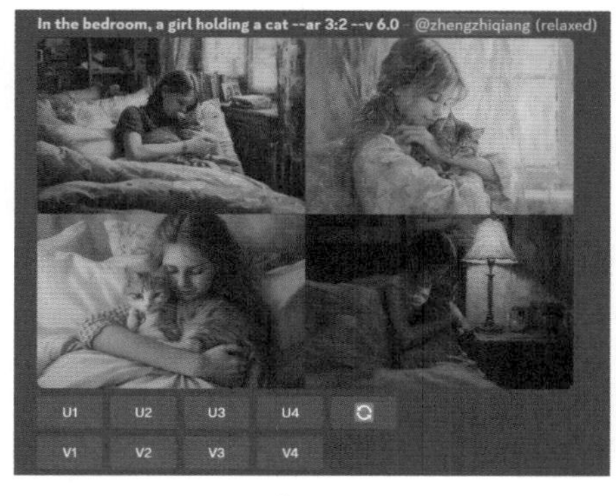

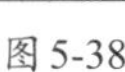

图 5-38

图 5-39

默认的个人主页是英文的界面，如图5-40所示。为了方便阅读，可以右击网页的空白处，在弹出的菜单中选择“翻译成中文（简体）”，如图5-41所示。

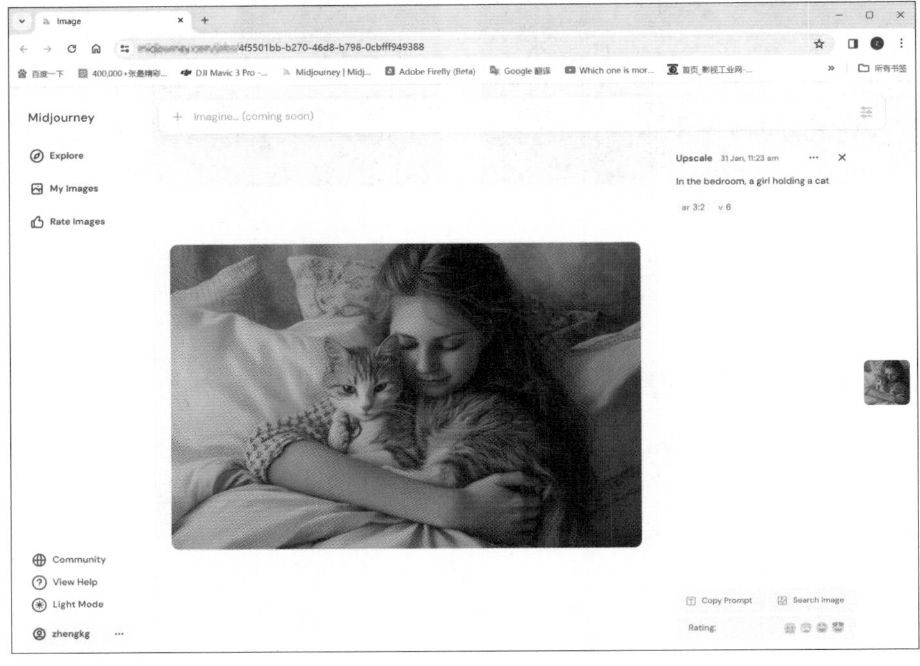

图 5-40

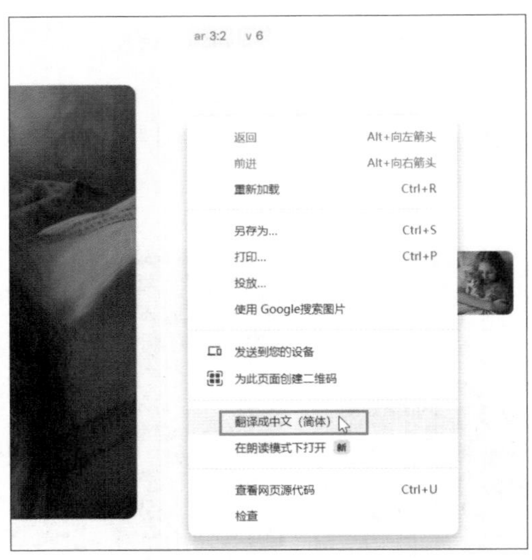

图 5-41

将Midjourney的个人主页翻译为中文之后，单击“我的图片”，在中间可以看到“今天”所有生成的图片，如图5-42所示（往下翻还可以看到之前某一天生成的所有图片）。

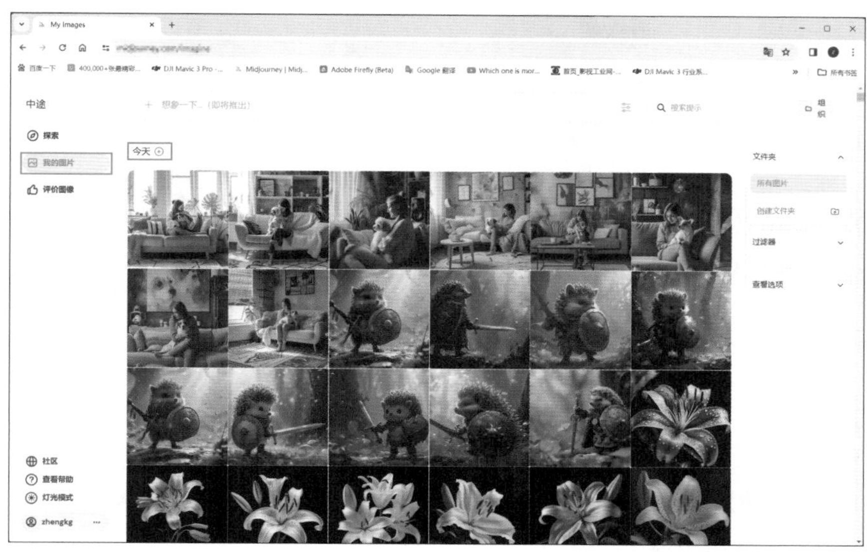

图5-42

如果我们要批量下载图片，可以单击“今天”，在右侧的关联按钮中选择所有图片，那么所有图片都会被选中，此时下方会弹出Download按钮，单击该按钮就可以下载“今天”生成的所有图片，如图5-43所示。

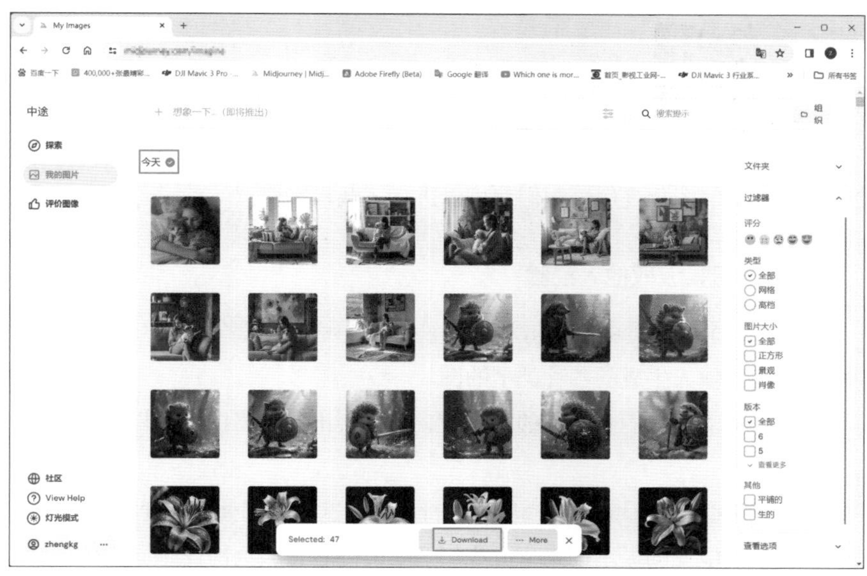

图5-43

对于之前某一天生成的图片也可以进行同样的操作，这样我们就可以实现图片的批量下载。

5.4.2 图片的筛选，查找特定图片

对于生成的图片，还可以通过右侧一些特定的选项进行管理。比如说我们单击“过滤器”，然后在下方出现的选项当中进行选择，可以检索和筛选特定的图片。这里我们只选中右侧的笑脸图标，它表示检索我们收藏的所有图片。可以看到，除“今天”的收藏图片之外，“2天前”的收藏图片也被检索了出来，如图5-44所示。

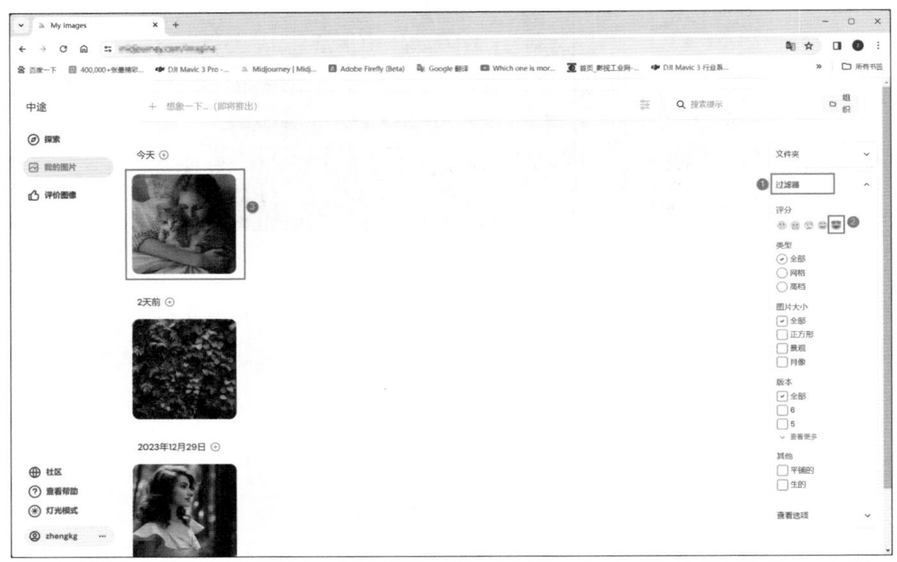

图 5-44

检索出来想要的图片之后，我们就可以进行下载等操作。

5.4.3 探索与学习，汲取他人经验

在Midjourney个人主页中，单击左侧的“探索”可以进入“探索”界面，在“探索”界面中可以看到其他人生成的各种类型的图片。

将鼠标指针移动到我们感兴趣的图片上，下方会出现这张图片的提示词，如图5-45所示。

我们可以复制这段提示词，翻译后再进行生图，这样的好处是方便我们参考和学习，甚至可以直接借助他人的提示词来生成我们想要的内容，因为即便是同样的提示词，每次生成的图片内容也可能是不同的。

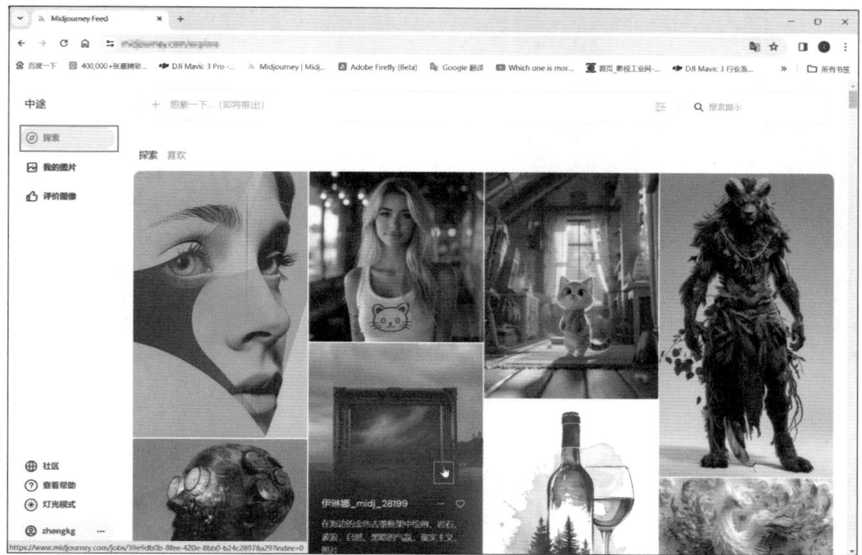

图 5-45

第6章 Midjourney常用参数的使用方法与技巧

本章我们首先介绍Midjourney基本参数、版本参数、升频参数和其他常用参数的使用方法与技巧，然后单独介绍两个比较特殊却很重要的参数。

6.1 基本参数的使用技巧

6.1.1 --ar：控制宽高比

Midjourney生成图片的默认宽高比为1：1，但实际上我们能用到的图片宽高比非常多，这时就需要使用--ar这个参数来控制所生成图片的宽高比。

要特别注意一点，在Midjourney中使用参数时，参数前有两个短横线--，并且短横线前有一个半角的空格（也就是在英文输入法状态下输入的空格）。

参数释义：宽高比，命令全名--aspect，可简写为--ar，该参数用于限定所生成图片的宽度与高度比，常用的宽高比有3：2、16：9、4：3和1：1。

使用方法：在提示词的末尾添加--ar x:y或--aspect x:y（默认的宽高比为1：1）。

应用案例如下。

输入英文提示词“a dog”，中文翻译为“一只狗”。

将该提示词贴入Midjourney的prompt文本框，之后按Enter键，可以得到初始的网格图片，Midjourney默认的宽高比为1：1，如图6-1所示。之后，再次贴入同样的提示词，在提示词后输入--ar 3:2，按Enter键，就可以得到宽高比为3：2的网格图片，如图6-2所示。

图6-3所示为宽高比为4：3的图片。图6-4所示为宽高比为16：9的图片。

图 6-1

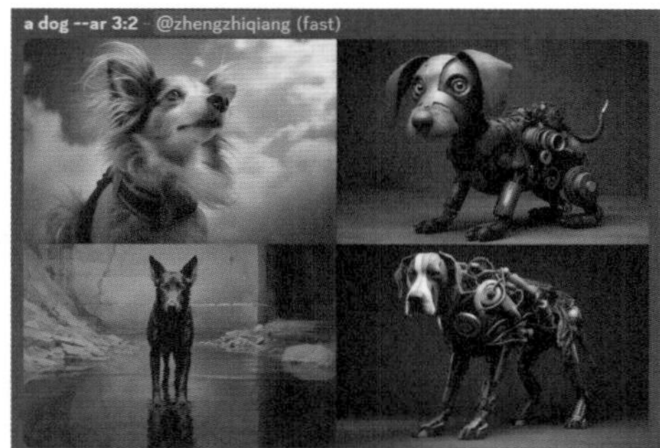

图 6-2

图 6-3

图 6-4

6.1.2 --s：风格化

本书第4章在讲解Midjourney设置命令时，曾介绍过Stylize选项，并且提到过Stylize选项的功能与--stylize参数的功能是一样的。所不同的是Stylize选项只有几个对应具体数值的选项，但设定--stylize（可简写为--s）参数时，可以设定更灵活的参数值。

参数释义：风格化程度，风格化的数值越大，图片越具丰富性和艺术性（更像处理过的真实照片）。

使用方法：在提示词的末尾添加--s x或--stylize x（值的设定视版本而定，不同模型版本中值的范围是有差别的，如图6-5所示。V5.2中，值的范围为0 ~ 1000）。

	版本 6.0	版本 5.0	版本 4.0	版本 3.0	测试版
默认参数	100	100	100	2500	2500
参数范围	0~1000	0~1000	0~1000	625~60000	1250~5000

图 6-5

图6-6 ~ 图6-9所示分别为采用a rabbit --s 0、a rabbit --s 100（默认值，所以不显示）、a rabbit --s 500和a rabbit --s 1000生成的图片。

图 6-6

图 6-7

图 6-8

图 6-9

6.1.3 --c：控制原始图之间的区别

参数释义：混乱，命令全名为--chaos，可简写为--c，该参数会影响初始图片之间的差别，较大的值将产生更多不寻常和令人意想不到的结果；较小的值会产生相似度更高、与提示词更吻合的结果。

使用方法：在提示词的末尾添加--c xx或-- chaos xx（值的范围为0～100，默认为0）。

借助翻译软件翻译提示词，如图6-10所示。

图 6-10

图6-11所示为采用--c 0生成的网格图片，互相比较相似。图6-12所示为采用--c 100生成的网格图片，互相差别较大。

图6-11

图6-12

再来看一个案例。借助翻译软件翻译提示词，如图6-13所示。

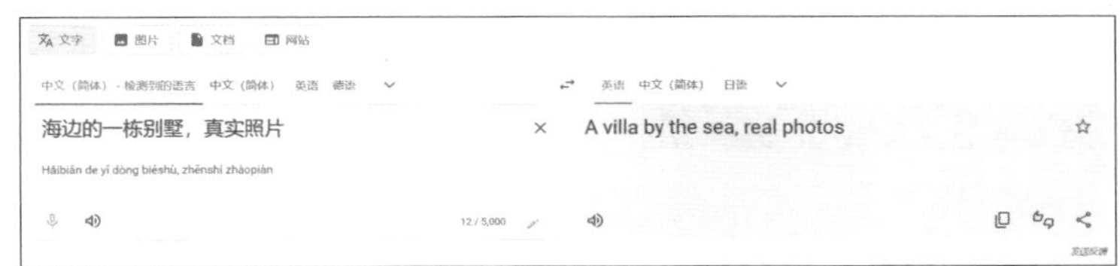

图6-13

图6-14所示为采用--c 0生成的网格图片，互相比较相似。图6-15所示为采用--c 100生成的网格图片，互相差别较大。

图6-14

图6-15

6.1.4 --tile：制作无缝拼接图案

参数释义：平铺，使用--tile参数生成的图片，可以用于制作重复的图案，并确保图案间有非常自然的过渡，如地面的瓷砖，以及织物、壁纸等。

使用方法：在提示词的末尾添加--tile即可。

要注意，在Midjourney中使用--tile参数后，默认生成的仍然是4张不同的图片，后续在制作重复图案时，要借助Photoshop等软件，对单一图片进行多次复制和粘贴，才能得到完美的重复图案。

输入英文提示词“Flower pattern fabric --tile”，生成的图片如图6-16所示。对第1张图片进行处理，得到无缝拼接的图案，如图6-17所示。

图6-16

图6-17

再来看一个动物图片的应用案例。输入英文提示词“a dog --tile”，生成的图片如图6-18所示。对第1张图片进行处理，得到无缝拼接的图案，如图6-19所示。

图6-18

图6-19

6.1.5 --no：去掉不想要的元素

参数释义：去掉，可从生成的图片中移除（或部分移除）不需要或不想要的内容。

使用方法：在提示词的末尾添加--no xx，会试图从图片中移出xx，xx可以是某种具体的景物，也可以是颜色信息等。

要注意，如果我们在输入提示词时，设定了某些明显不符合常理的要求，那么--no参数可能无法完全实现要求，只能部分实现。如下述案例中，输入英文提示词“city pedestrian street, real photo”，中文翻译为“城市步行街，真实照片”，生成的图片如图6-20所示。

图6-20

使用--no命令后变为“city pedestrian street, real photo --ar 3:2 --no people”，即去掉行人，最终的画面中就会少一些行人，如图6-21所示。

图6-21

6.1.6 --q：控制画面质量

参数释义：用于控制图片质量，值越大，所生成图片的质量越高，细节越丰富；反之，值越小，图片质量越低，细节越少。值较大时，Midjourney需要更长的时间来生成和处理细节。

使用方法：在提示词的末尾添加--q x或--quality x（值的范围为0.25～2，默认为1），当值小于1时，可省略小数点前的0。

从案例图可以看到，使用--q 0.25生成的图片缺乏细节，如图6-22所示。而使用--q 1生成的图片细节更多，如图6-23所示。

图6-22

图6-23

6.1.7 --stop：停止生图过程

参数释义：停止，使用--stop参数时不会影响图片的生成过程，即系统会生成最终图片，只是图片的最终效果有区别。比如，设定在10%时停止，那最终生成的图片可能是模糊的，而在100%时停止，最终生成的图片可能就是清晰的。

使用方法：在提示词的末尾添加--stop xx（值的范围为10～100，默认为100）。

图6-24～图6-27所示分别为设定在100%、90%、70%、20%时停止的图片效果。

图6-24

图6-25

图6-26

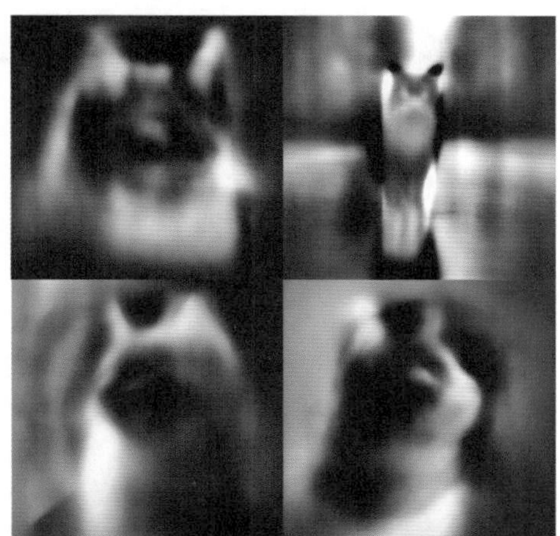

图6-27

6.1.8　--seed：查询AI所生图的种子（编号）

参数释义：种子，每张由Midjourney生成的图片都有一个seed值，将seed值以参数的形式添加在提示词之后，可以生成与原图片相似甚至完全相同的图片。需要注意的是，只有Midjourney生成的图片有seed值，我们上传的本地图片是没有的。

还要注意，我们对其他参数的设定，也会影响生成图片的最终效果。

综合来看，--seed是一个比较复杂的参数，会涉及文生图、垫图等多种应用，在后续的内容当中我们将更详细地介绍--seed的使用方法。

使用方法：在提示词的末尾添加--seed xx（值的范围为0～4294967295，具体值要通过Midjourney机器人返回）。

下面来看seed值的获取方法。将鼠标指针放在Midjourney生成的图片上，此时在提示词的右上角会出现“添加表情”等多个图标，如图6-28所示。单击“添加反应”图标，在打开的“反应”界面中选择信封图标后按Enter键，如图6-29所示。

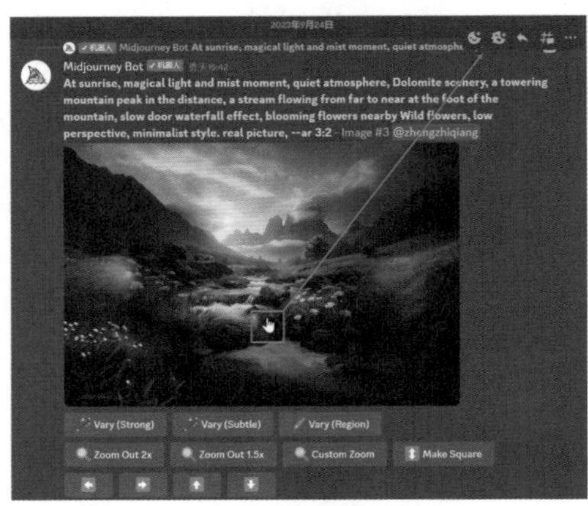

图6-28

图6-29

如果没有信封图标，可输入envelope后按Enter键获取信封图标，如图6-30所示。之后选择该图标，再按Enter键。此时可以看到Midjourney机器人发送的消息，单击消息将其打开，如图6-31所示。

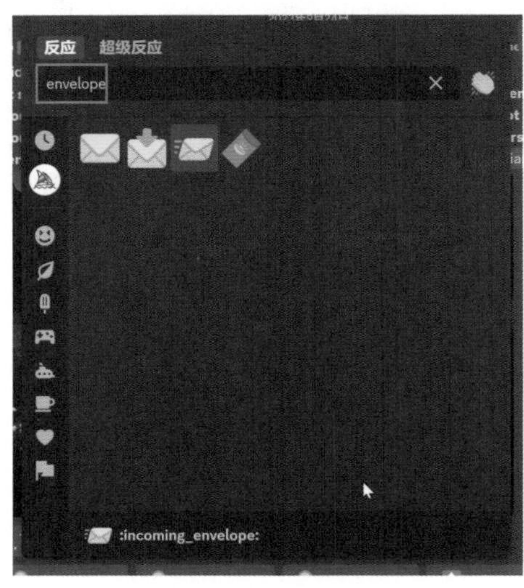

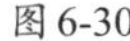

图6-30

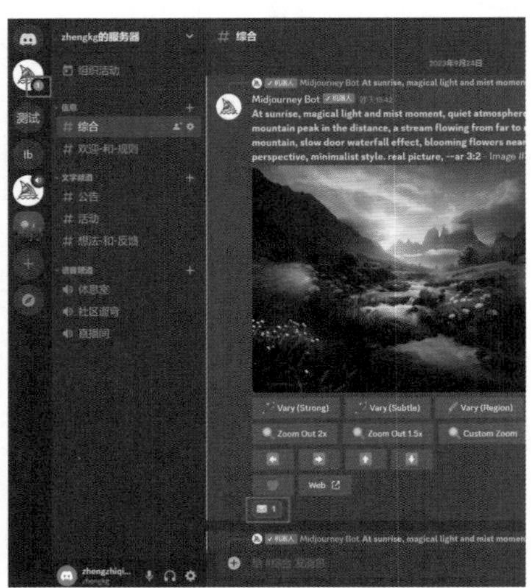

图6-31

在打开的机器人消息当中，可以看到图片的seed值，如图6-32所示。

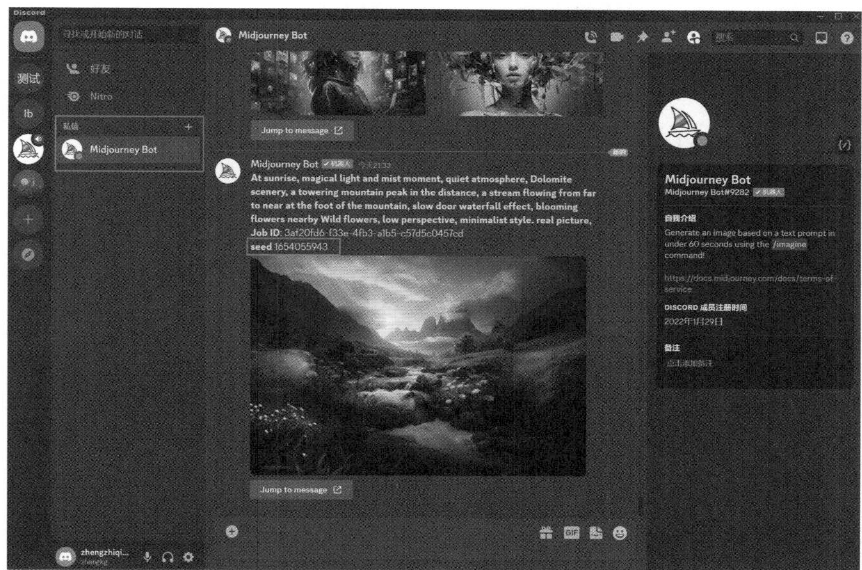

图 6-32

下面这两组图片展示了在Midjourney V5.2当中，前后隔了几天，使用相同seed值生成的图片的情况。我们找到几天前生成的一组网格图片，如图6-33所示，查出其seed值为1654055943，复制其提示词。

图 6-33

现在将复制的提示词贴入prompt文本框，在提示词后添加--seed 1654055943，按Enter键后生成图片，如图6-34所示。可以看到两者差别还是比较大的。

图 6-34

接下来，我们不再间隔较长时间，而是连续使用相同的提示词和seed值进行图片的生成。生成图片并获取seed值，如图6-35所示。使用相同提示词与seed值再次生成的图片如图6-36所示。可以看到，因为两者设定的参数不同，图片也有一些差别。

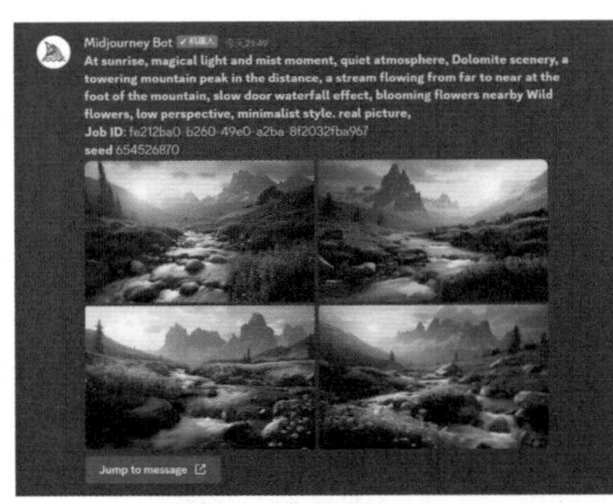

图 6-35

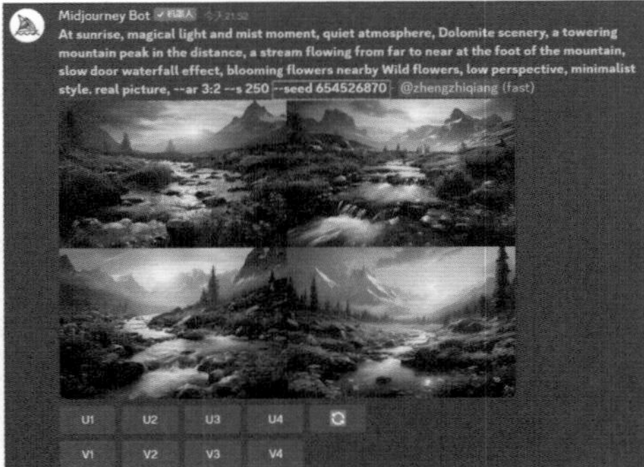

图 6-36

6.2 模型版本参数的使用方法

Midjourney自发布至今，已经迭代了多个版本的模型，随着版本的升级，Midjourney的性能更加强大。当然，这并不意味着之前的版本就无用了，因为不同版本的模型擅长不同类型的图片的生成。

6.2.1 --v：控制生图所用版本

参数释义：version，版本。Midjourney自发布至今，已经推出了V1 ~ V6等几个大的版本，V5.1、V5.2两个小版本，以及Niji Model V4、Niji Model V5、Niji Model V6[ALPHA]这3个动漫版本。不同版本有各自比较明显的特点，但从图片的细腻程度与逼真程度来说，越新的版本功能越强大。

使用方法如下。

（1）在提示词的末尾添加--v x或--version x（值的范围为1～6，以及5.1和5.2，默认为当前最成熟的版本）。

（2）在Midjourney对话框中通过/settings命令进入版本选择界面，选择想要使用的版本。

来看具体案例。提示词为“a rabbit, real photo”。V4下生成的图片，细节和质感欠佳，显得不够真实、自然，如图6-37所示；而V6下生成的图片，细节、质感都很理想，并且看起来很真实，如图6-38所示。

图6-37

图6-38

6.2.2 --niji与niji·journey机器人的添加

参数释义：在Midjourney中表示动漫，提示词后添加参数--niji，用于生成动漫风格的图片。

使用方法如下。

（1）直接在Midjourney的设置界面中选择Niji Model V5，如图6-39所示。之后输入提示词，即可生成动漫风格的图片。

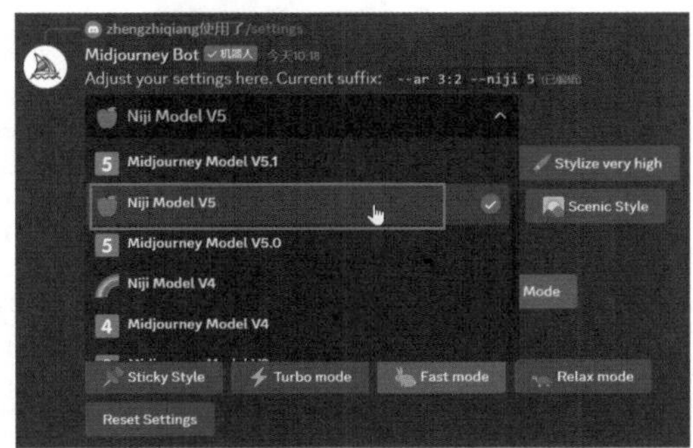

图6-39

（2）在提示词的末尾添加--niji，即可生成动漫风格的图片，如图6-40所示。

借助--niji参数生成的动漫风格的图片如图6-41所示，其效果与直接设定Niji Model V5的效果相同。

图6-40

图6-41

（3）在Discord服务器中添加niji·journey机器人，通过该机器人也可以生成动漫风格的图片。

单击“探索可发现的服务器”，然后在搜索框中输入niji，如图6-42所示。

图6-42

找到并单击niji·journey，如图6-43所示，即可添加niji·journey机器人。添加niji·journey机器人后，可直接调用它来生成动漫风格的图片。

图 6-43

6.2.3 --hd：设定生成高清图片

参数释义：高清，HD是高清的意思，是英文单词High Definition的缩写。在数字媒体领域，HD通常用来描述高清晰度的画面。借助--hd参数，Midjourney可以生成更清晰的图片。

使用方法：在提示词的末尾添加--hd。

6.2.4 --test/--testp：使用测试版本

参数释义：测试，Midjourney有时会发布新版本的模型，通过--test和--testp这两个参数可以使用新版本的模型，使用--testp参数有时能生成有较好效果的摄影类图片。另外，这两个参数往往要结合--creative参数（后续介绍）使用，以便使生成的图片更具变化性和创造性。

使用方法：在提示词的末尾添加--test或--testp即可。

注意事项如下。

（1）测试模型仅支持--stylize的值为1250～5000。

（2）测试模型不支持多提示或图像提示。

（3）测试模型的最大宽高比为3：2或2：3。

（4）当宽高比为1：1时，测试模型仅生成两张初始网格图片。

（5）当宽高比不是1：1时，测试模型只生成一张初始网格图片。

（6）提示词中前面的词比后面的词更重要，即前面的词对所生成图片有更大的影响。

图6-44和图6-45所示分别为一张非1：1宽高比的初始网格图片和两张1：1宽高比的初始网格图片。

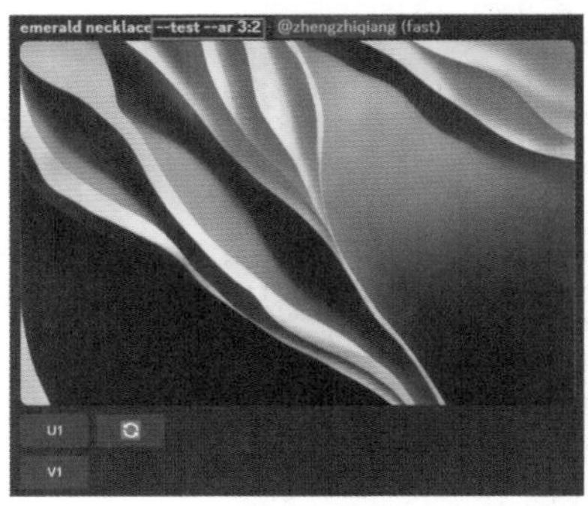

图6-44

图6-45

6.3 升频参数的使用说明

随着Midjourney版本的不断进化，之前比较主流的--uplight、--upbeta和--upanime这3个升频参数已经失去了意义，只有在使用V4这类较低的版本时，3个升频参数才有意义。

6.3.1 --uplight：升频，轻微变动

--uplight参数由up和light两个单词组成，重点在于后面的light，表示轻微的意思。使用该参数升频时，升频后的图片相较原始的预览图会增加少量细节，并且升频后的图片画质更细腻。图6-46和图6-47所示分别为高版本的升频选项和V4的升频选项。

图6-46

图6-47

6.3.2 --upbeta：升频，减少细节

使用--upbeta参数对图片进行升频，升频后的图片相较原始的预览图，基本没有太大变化，两者非常相似。另外，根据官方介绍，升频后的图片细节会有明显减少。

6.3.3 --upanime：升频，用于动漫风格

--upanime是专为Niji Model设定的一个参数，适用于对漫画风格的图片进行升频处理。

6.4 其他常用参数的使用方法

6.4.1 --creative：辅助测试版本出图

参数释义：与--test或--testp参数结合使用，使生成的结果更加多样化和具有创造性。

使用方法：在提示词的末尾添加--creative，但要注意，正如前面所讲的，--creative参数要与--test或--testp这两个参数结合使用，不能单独使用。

6.4.2 --iw：控制垫图比重

参数释义：图像权重，该参数的值越大，表明上传的图片对输出的结果影响越大。

使用方法：在提示词的末尾添加--iw x（值的范围为0.5～2）。

这是垫图时非常重要的一个参数，我们将在第6章讲解垫图相关内容时对其进行详细介绍。

6.4.3 --sameseed：控制网格图片相似度

参数释义：当指定--sameseed时，生成的4张图片非常相似。

使用方法：在提示词的末尾添加--sameseed x（值的范围为0～4294967295）。

要注意，该参数只适用于Midjourney的V1、V2、V3这几个版本以及测试版本。所以综合来看，这个参数的意义其实不大。图6-48和图6-49所示分别为提示V5.2和V4不支持--sameseed参数。

图6-48

图6-49

V3使用--sameseed参数生成的图片如图6-50所示。

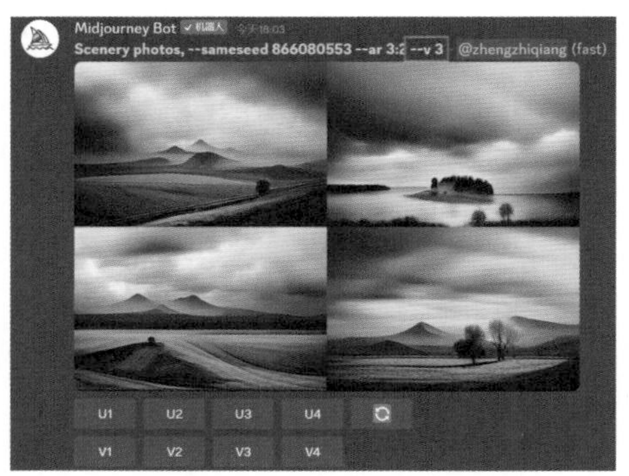

图 6-50

6.4.4 --video：生成绘图过程视频

参数释义：借助--video参数，可以把图片生成的过程（图片由模糊到逐渐清晰的过程）以视频的方式呈现出来。

使用方法：在提示词的末尾添加--video。之后，用户可以通过向Midjourney机器人发送信封获取所生成视频的链接。

用户发送信封后，Midjourney机器人会给用户发送一条私信，如图6-51所示。打开Midjourney机器人发送的私信，可以看到返回的视频网址以及视频，如图6-52所示。

图 6-51

图 6-52

打开Midjourney机器人发回的视频网址，可下载生图过程视频，如图6-53所示。

图 6-53

6.5 容易被忽视却很重要的两个参数

6.5.1 --repeat：快速、多次使用同样的提示词

在大部分情况下，我们会进行一次AI图片的生成，如果感觉效果不够好，可以执行刷新操作，以同样的提示词再次生成AI图片供我们选择。如果我们想要提高生图的效率，可以借助--repeat参数来实现，即让Midjourney使用相同的提示词执行多次生图过程，这样用户就可以更快得到想要的结果。

参数释义：--repeat可简写为--r，是指重复使用相同的提示词。

使用方法：具体使用时，将--r x添加在提示词之后即可。x表示我们想要重复的次数，标准版订阅用户值的范围为2～10，专业版订阅用户值的范围为2～40。

添加--r参数后，设定执行3次，如图6-54所示。系统提示在慢速模式下无效，只能使用快速模式，如图6-55所示。

图 6-54

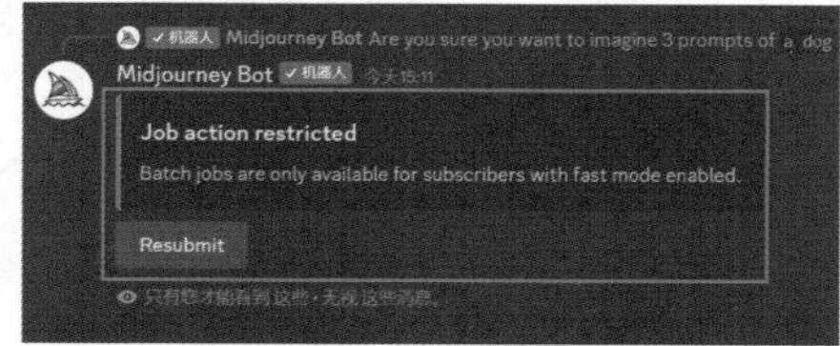

图 6-55

将生图速度模式改为Fast mode，即快速模式，如图6-56所示。

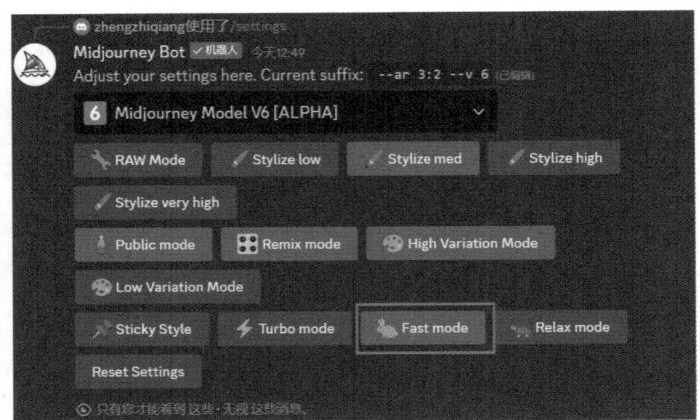

图 6-56

重复使用3次相同的提示词的参数，如图6-57所示。

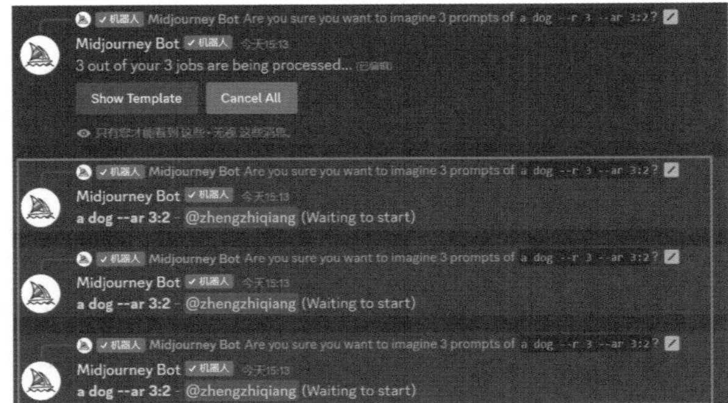

图 6-57

可以看到，即便使用完全相同的提示词和参数，图片效果也是不同的，这里输入英文提示词“a dog --ar 3:2”，按Enter键，生成的图片如图6-58和图6-59所示。

图 6-58

图 6-59

6.5.2 ::：控制不同元素比重

::这个参数可以对提示词进行分割，并控制分割出来的不同提示词对最终结果的影响程度。举例来说，我们输入提示词“tree house”（树屋），可以生成一组树屋图片，但如果利用::对tree house进行分割并控制tree和house的比重，所生成的图片就会发生较大变化。

注意事项如下。

（1）::参数支持输入小数和负数，但两个比重数值之和要为正数。

（2）::参数的默认值为1，所以在设定参数时，我们也可以简写为::，或直接将其省略。

输入英文提示词“tree house”，生成的图片如图6-60所示。输入英文提示词“tree::2 house”，即tree的比重是house的2倍，所以房子的痕迹就比较少（此处house实际上应为house::1），如图6-61所示。

图6-60

图6-61

输入英文提示词“tree::10 house”，即tree的比重是house的10倍，所以房子的痕迹几乎消失（此处house实际上应为house::1），如图6-62所示。

图6-62

输入英文提示词“tree::1 house::10”，即tree的比重是house的1/10，所以房子比较明显，树的痕迹很少，如图6-63所示。

输入英文提示词“tree::house”，即树和房子的比重都是1，所以两者都比较明显，如图6-64所示。

图 6-63

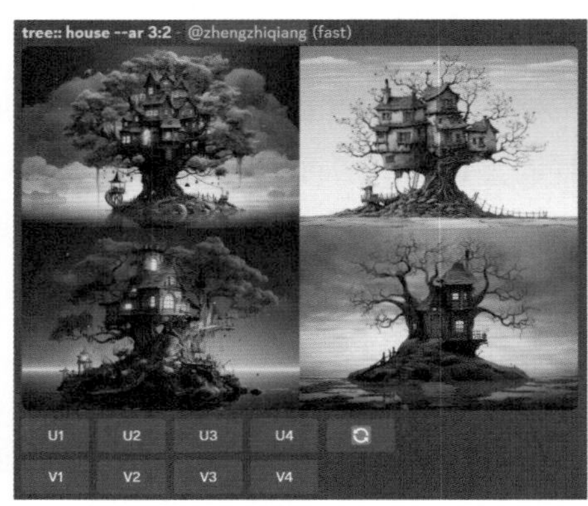

图 6-64

在减小某种元素的比重时，一旦该元素的比重为0或负数，那就相当于从提示词中删去该元素，这就与--no参数起到的作用基本一样了。

下面的案例中生成了大片的郁金香，我们添加参数red::-0.5时，就相当于从画面中删去红色，最终生图的结果也可以证明这一点。输入英文提示词“Large fields of tulips”，生成的图片如图6-65所示。

图 6-65

添加参数red::-0.5，就相当于删除红色，如图6-66所示。使用--no red参数，也相当于删除红色，如图6-67所示。

图 6-66

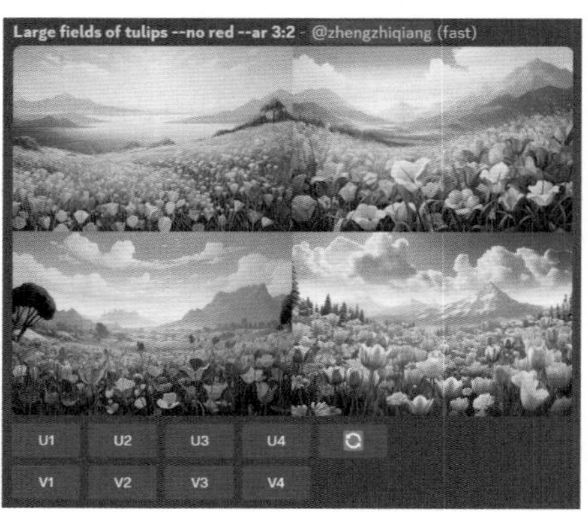

图 6-67

07

第7章 以图生图、融图与垫图的技巧

本章将介绍如何对以图生图的提示词进行修改，从而得到更好的效果，之后讲解在进行融图时，如何得到更合理的画面，最后讲解垫图的技巧。

7.1 以图生图

之前我们已经介绍过以图生图命令的基本使用方法，并可以快速生成新的图片。但实际上，要真正掌握以图生图功能的精髓，需要我们了解以图生图的核心逻辑——对上传的图片进行提示词的提取，然后根据提取的提示词重新生成与原图风格接近的图片。

提示词的提取可能不够准确，或是与我们的创意有区别，这时就需要对提示词进行修改，从而让重新生成的图片更具艺术性和表现力。

7.1.1 以图生图的基本思路

下面我们通过一个具体的案例来看以图生图的高级技巧。

在Midjourney中使用/describe命令，上传我们将要模仿的图片，然后按Enter键，Midjourney会对图片进行提示词的分析和提取，得到4组提示词。

在对话框中输入/describe，然后按Enter键，打开图片上传界面，如图7-1所示。此时可以直接单击虚线框，然后选择图片上传，将想要参考的图片直接拖入这个虚线框中，同样可以完成上传，如图7-2所示。

图片上传完毕后按Enter键，这样图片会上传到Midjourney服务器，此时Midjourney机器人会根据我们上传的图片总结出4种不同的提示词，如图7-3所示。这时可以用鼠标全选这4段提示词，然后单击鼠标右键，在打开的菜单中选择“复制”，如图7-4所示。

图 7-1

图 7-2

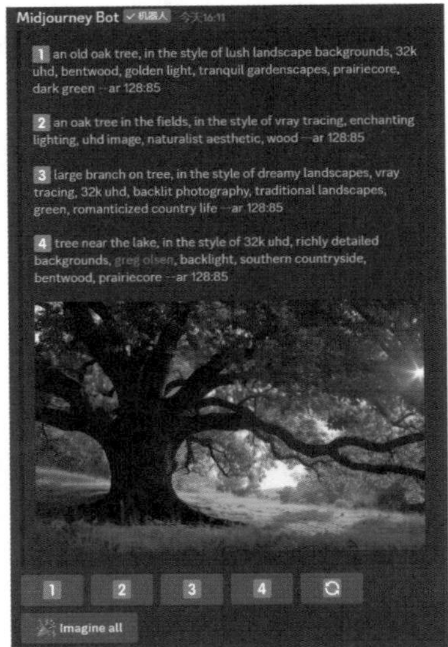

图 7-3

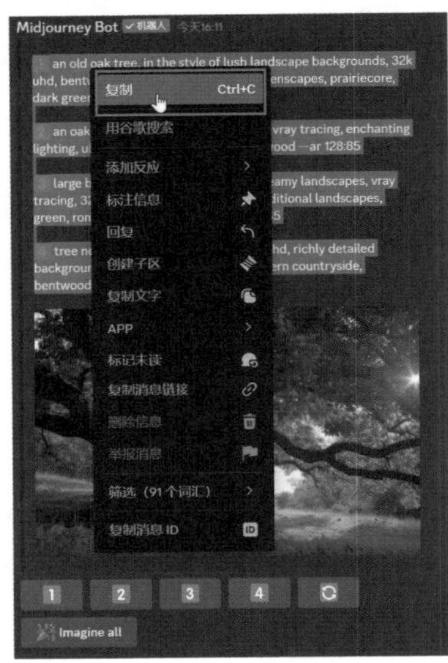

图 7-4

将复制下来的4段提示词粘贴到翻译软件中，可以查看这4段提示词的中文翻译，如图7-5所示。

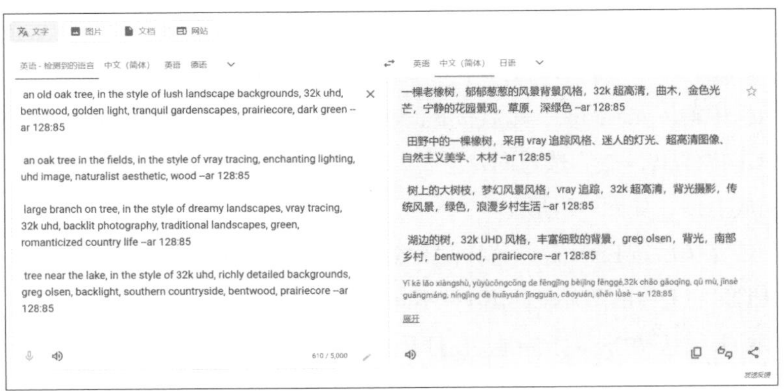

图 7-5

此时我们可以找到哪一段提示词更符合我们的需求。

接下来分别依据这4段提示词进行图片生成，如图7-6～图7-9所示。从实际效果来看，用第1段提示词生成的图片更好一些。

图7-6

图7-7

图7-8

图7-9

7.1.2 对提示词进行修改，再次生图

如果对用某段提示词生成的图片的效果比较满意，可以将图片保存；如果不满意，还可以对提示词进行修改。

注意，要使用提示词的修改功能，需要在设置菜单中开启Remix mode，也就是混音模式，如图7-10所示。

具体操作时，先选择生成第一种效果，此时会打开提示词修改界面，在其中我们补充了提示词“高光”，然后单击“提交”按钮，如图7-11所示。

之后重新生成了一组图片，经过我们对提示词的补充，画面被太阳光线照亮了，效果会更好，如图7-12所示。

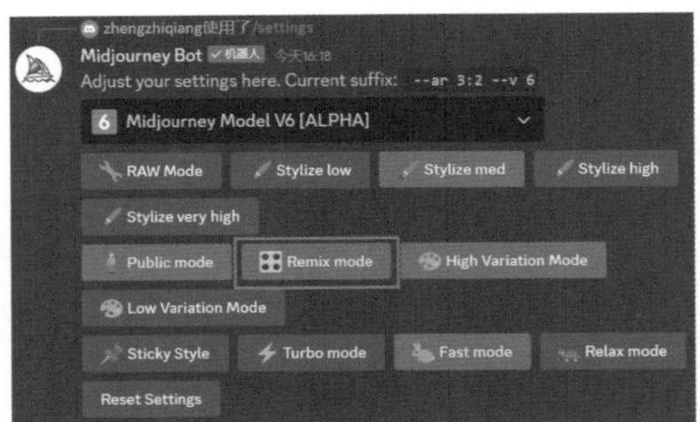

图 7-10

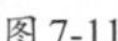

图 7-11

图 7-12

7.1.3 刷新，再次生图

生成初始网格图片之后，我们还可以单击“刷新”按钮，如图7-13所示。继续修改提示词，再单击“提交”按钮，如图7-14所示。

图 7-13

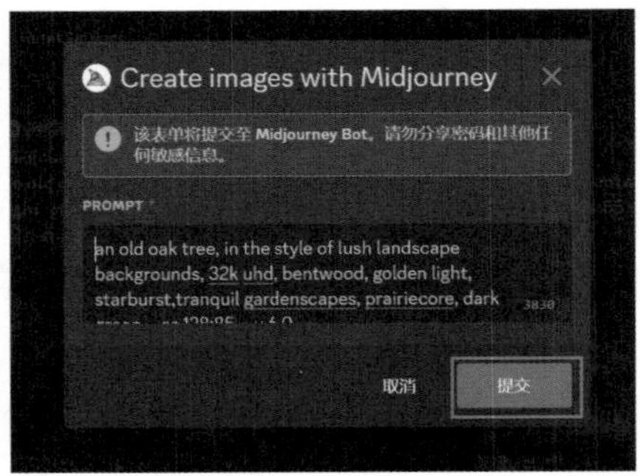

图 7-14

此时可以重新生成一组图片，效果也是不错的，如图7-15所示。

图7-15

借助我们选定的提示词，在混音模式下，进行不断升级和变化，可以得到各种各样的效果，并且这些效果都与我们的创作初衷是吻合的。

7.2 融图的基本操作与高级技巧

下面介绍融图的技巧。

7.2.1 融图的基本操作

首先在Midjourney对话框中输入/b，那么以/b开头的一些命令就会展现在命令列表中。

选择/blend命令，如图7-16所示，然后按Enter键，打开图片上传界面。此时在对话框中单击“增加4”字样，上方会出现dimensions，以及image3、image4、image5这几个选项，如图7-17所示。选择这几个选项，可以增加图片。借助/blend命令，最多可以添加5张图片以进行图片的融合，而dimensions命令则主要用于设定我们所生成图片的宽高比。

上传两张小猫的图片，如图7-18所示，然后按Enter键，可以生成这两张图片融合后的图片。

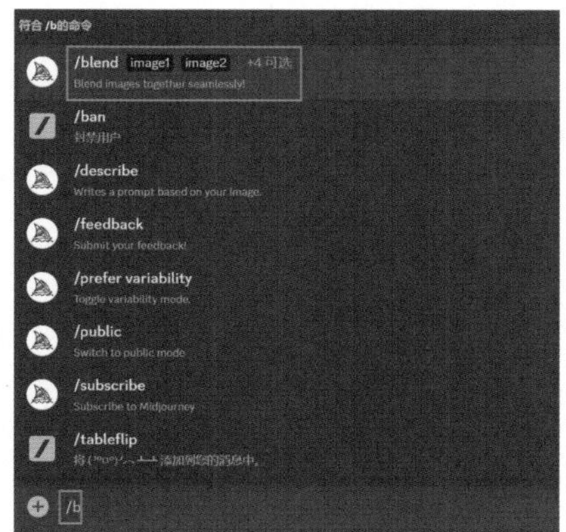

图7-16

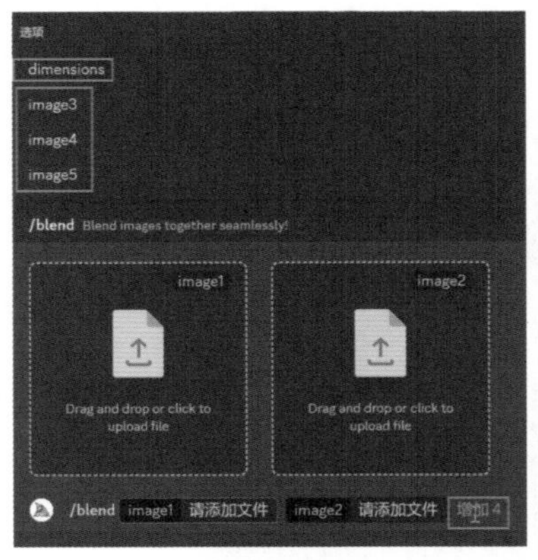

图 7-17

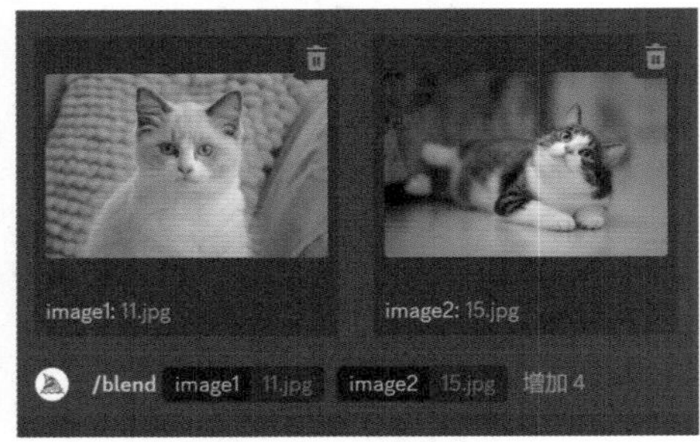

图 7-18

可以看到画面背景产生了融合，而作为主体的小猫也产生了融合，新生成的图片兼具之前两张素材图片的一些特点，如图 7-19 所示。

图 7-19

7.2.2 人物与环境融合的效果

继续使用/blend命令，之后上传一张人像图片和一张环境图片，如图7-20所示，我们想得到人物与环境完美融合的效果。

生成的融合图片如图7-21所示，可以看到人物的姿态、面部细节等都不理想。这说明人物与环境直接融合的思路在当前的Midjourney版本中是行不通的。

图 7-20

图 7-21

7.2.3 设定融图初始网格图片的宽高比

如果我们要去限定所生成图片的宽高比，可以选择dimensions，如图7-22所示。此时会展开3个选项，Portrait代表肖像，它对应的是2∶3的宽高比；Square对应的是1∶1的宽高比，也就是正方形的宽高比；Landscape对应的是3∶2的宽高比，如图7-23所示。

图 7-22

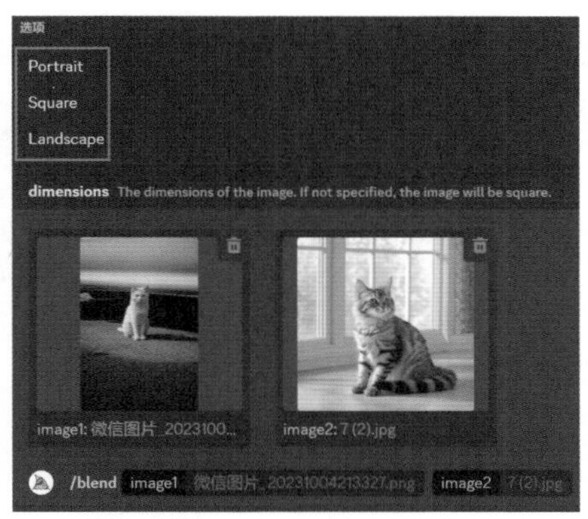

图 7-23

这里我们选择dimensions之后，设定为Portrait，再进行生成，如图7-24所示。可以看到生成的图片的宽高比就是2∶3，如图7-25所示。

我们还可以对一些大场景的风光素材进行融合。来看具体的案例，如图7-26和图7-27所示，将一张奔马的图片与一张高山景观的图片融合，可以得到一群马在场景中奔腾的图片，新生成的图片兼具之前两张图片的特点，如图7-28所示。

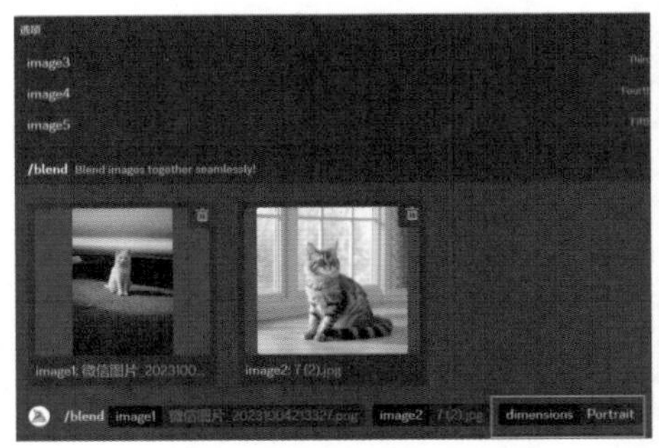

图 7-24

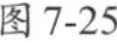
图 7-25

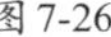
图 7-26

图 7-27

图 7-28

我们还可以对3张图片进行融合，这3张图片如图7-29～图7-31所示。之前的两张图片融合之后，图片整体呈现一种偏黄的色调。现在我们加入了一张带有花卉的偏红色调的图片，可以看到最后生成的图片中有一些偏红的色彩效果，近景中出现了一些红色调的花，如图7-32所示。

图 7-29

图 7-30

图 7-31

图 7-32

7.2.4 融图的高级技巧

通过之前的案例可以看到，奔马的图片与风光图片融合时，新融合的图片中，主体的马变得非常小，之所以出现这种情况，是因为马的图片呈现一种中焦段的效果，而我们所选择的风光图片呈现一种超广角的效果，为了调和画面的透视性，马就会被缩小。

为了得到更好的效果，实际上我们可以将奔马的图片（见图7-33）与另外一张视角看起来没那么广的图片（见图7-34）融合。

图7-33

图7-34

这样融合成的图片中马就不会被缩得太小，画面看起来会更协调，如图7-35所示。

图7-35

接下来看另一个案例，两张用于融图的素材都是半身照，如图7-36和图7-37所示。

图7-36

图7-37

对两者进行融合时，可以看到融合的效果非常理想，因为两张图的透视性、虚实关系等各方面都比较一致，所以融合出来的效果就更好，如图7-38所示。

图7-38

因此在进行多图融合时，建议大家尽量选择焦段更相近的素材进行融合。

7.3 垫图：元素修改与--iw比例控制

垫图是指我们上传一张图片到Midjourney中，然后适当输入一定的提示词，由图片和提示词这两方面元素来综合运算，得到新的图片。上传的图片就称为垫图。

在默认情况下，垫图和我们输入的提示词对于所生成图片的影响是相同的，是1：1的影响比例。在Midjourney中，用于控制垫图与提示词影响权重的参数为--iw，参数值的范围为0.5～2，值越大，表示垫图的影响力越大。

在对话框左侧单击添加按钮，此时会展开一个小的面板，单击“上传文件”命令，如图7-39所示，可以选择我们想要添加的图片，如图7-40所示。

图7-39

图7-40

选择图片之后，按Enter键完成图片的上传。此时图片被载入Midjourney的显示区域，如图7-41所示。右击上传的图片，在打开的菜单中选择“复制链接”命令，这样可以将我们上传的图片的链接复制下来，如图7-42所示。

图7-41

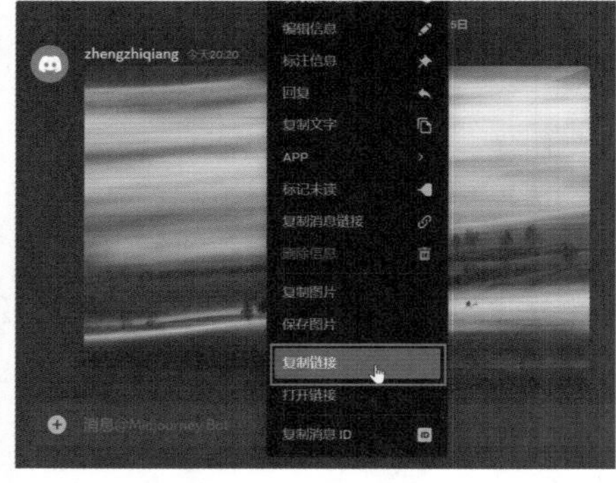

图7-42

回到Midjourney对话框，使用/imagine命令，在prompt文本框中，粘贴上传图片的链接，如图7-43所示。

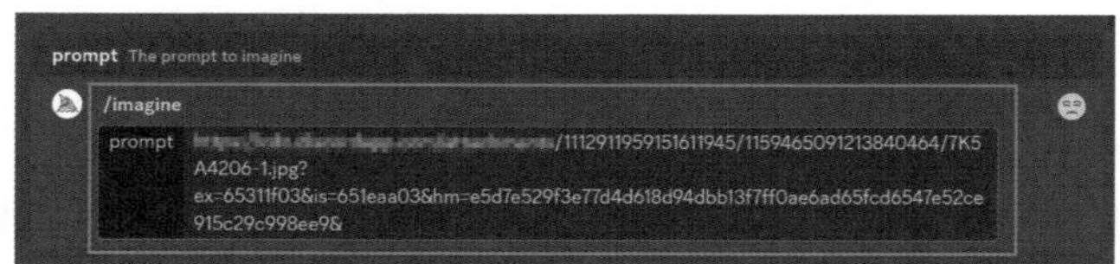

图7-43

在链接后输入空格，然后添加一些提示词，这里我们输入的提示词是“Octane Rendering, National Geographic, Epic Landscapes”（辛烷渲染、国家地理、史诗般的风景），如图7-44所示。

图7-44

此时生成的图片如图7-45所示。可以看到，垫图的比重为1时（默认不显示），垫图与提示词对生成的图片的影响相同。

输入--iw 0.5，如图7-46所示。0.5表示我们所上传的图片对最终所生图的影响是最小的。此时生成的图片如图7-47所示。可以看到，垫图的比重小，成图与垫图相差较大。

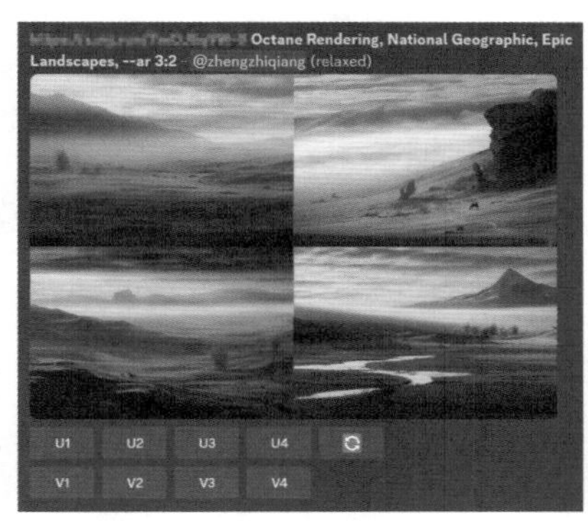

图 7-45

图 7-46

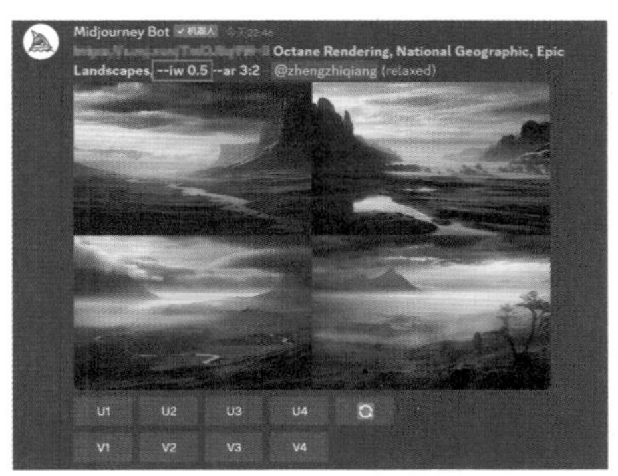

图 7-47

之后分别修改--iw参数的值为1.5和2，可以看到，随着--iw参数值的增大，我们所上传的图片对最终成图的影响也越来越明显。垫图的比重为1.5时，成图与垫图变得相似，如图7-48所示。垫图的比重为最大值2时，成图与垫图变得极为相似，如图7-49所示。

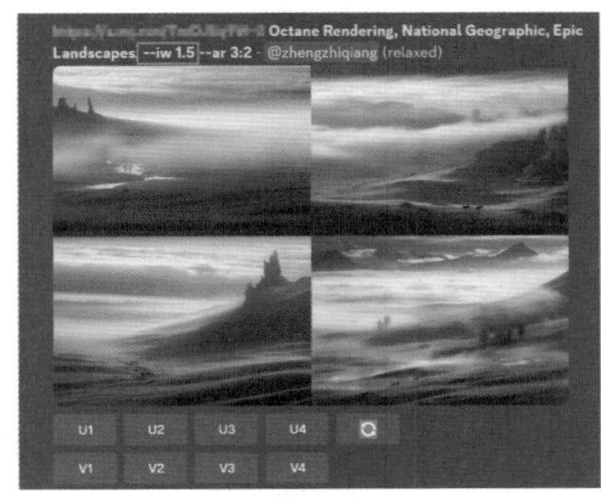

图 7-48

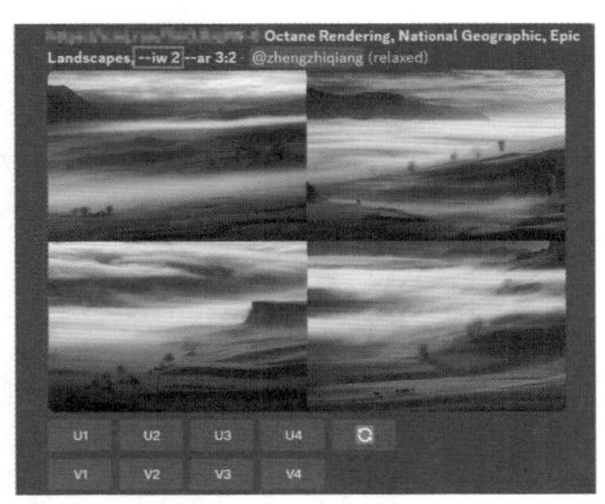

图 7-49

08

第8章 提示词的撰写与规律

本章将介绍如何撰写Midjourney提示词，以便生成效果更好的图片。最终总结出一套有较高普适性的提示词规律，读者后续可以根据这一规律撰写任意题材的提示词，进行AI图片的生成。

8.1 提示词的构成与解析

相信很多人都已经知道，使用AI绘图时，提示词应该越详细越好。但是，真正详细的提示词不是随意添加的，而是应该遵循一定的规律去撰写。下面我们通过一个具体的案例来进行讲解。

首先输入英文提示词“a horse”，中文翻译为“一匹马”。在Midjourney对话框中借助/imagine命令进行输入，按Enter键后会生成一匹马的初始网格图片，如图8-1所示。

图8-1

8.1.1 描述主体与环境

现在我们已经发现问题了，就是这匹马所处的场景是比较随机的，不符合我们的要求。

接下来可以丰富主体马所在的场景，输入英文提示词“a horse on the grassland”，中文翻译为“草原上的一匹马”，此时就有了主体马和环境草原，可以看到生成的图片内容是草原上的一匹马，如图8-2所示。

图8-2

8.1.2 细节描写：让画面更具体、耐看

现在有了环境，有了主体，还可以继续丰富提示词。输入英文提示词“A running horse in a meadow with blooming wildflowers”，中文翻译为“野花盛开的草原上的一匹奔跑的马”，此时对于草原的细节描写有了，对于马的描写也有了，再次生成图片，就会得到图8-3所示的图片。

图8-3

8.1.3 构图形式：让画面更具美感

有了主体、环境的细节信息之后，接下来我们还可以对构图形式进行描述，比如视角的高低、马的大小等。因此我们可以继续描述，增加远景、高视角这样的提示词，输入英文提示词“A galloping horse in a meadow with blooming wildflowers, long shot, high angle view”，此时再次生图就会得到一组新的图片，如图8-4所示，可以看到生成的图片视角是远景视角，并且是偏高的视角，图片越来越具有形式美感。

图 8-4

8.1.4 用特定提示词渲染氛围

之后我们还可以对画面的氛围、时间信息等进行丰富，例如增加静谧的氛围、神奇的光雾时刻。输入英文提示词“A galloping horse on a meadow with blooming wildflowers, long shot, aerial perspective, adding to the quiet atmosphere, magical haze moment”，得到了另外一种初始网格的图片效果，如图8-5所示，可以看到画面的表现力得到进一步提升。

图 8-5

8.1.5 提升画面表现力的特殊提示词

另外，我们还可以用“国家地理”“史诗般的风景”等提示词进行修饰。经过这样修饰，画面的表现力更强。

输入英文提示词“A galloping horse in a meadow with blooming wildflowers, long shot, aerial perspective, adding to the tranquil atmosphere, magical haze moment, National Geographic, epic landscape”，中文翻译为“一匹奔腾的马在野花盛开的草地上，长镜头，俯拍，宁静的气氛，神奇的雾霾时刻，国家地理，史诗般的风景”。生图后的画面效果如图8-6所示。

图 8-6

如果感觉效果不够理想，可以刷新生成新的效果，如图8-7所示。有可能初始网格图片中只有1～2张符合我们的预期，那就够了，不要苛求每张图片都有完美的效果。

图 8-7

8.1.6 优化提示词，生成更好的图片

即使我们输入大量的提示词，并且进行多种限定，但最终生成的图片中，有些提示词的要求也并未被实现。所以我们可以使用之前讲解过的/shorten命令对提示词进行检测和优化，如图8-8所示。

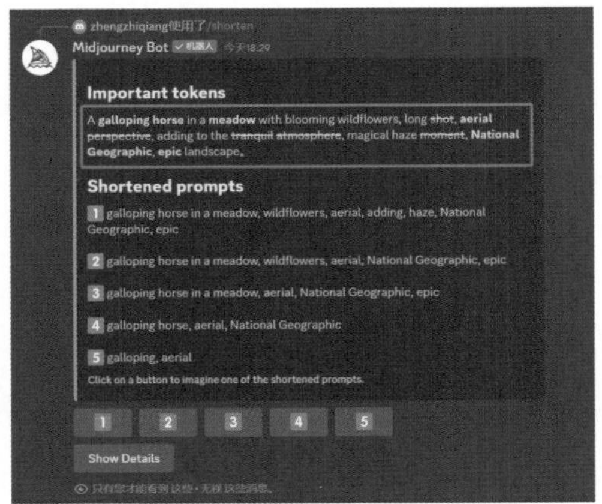

图8-8

然后使用优化过的提示词重新生图，以得到更好的效果。输入英文提示词“A galloping horse in a meadow with blooming wildflowers, long, aerial, adding to the magical haze, National Geographic, epic landscape”，生图后得到的画面效果如图8-9所示。

图8-9

8.1.7 提升所生图画质的提示词

对于图片的画质部分，我们经常使用的有真实照片、32K、64K、HD、UHD、高分辨

率、高品质、超细节、逼真、超逼真等提示词，对应的英文翻译为Real photo、32k、64k、HDR、UHD、high resolution、high quality、super details、photorealistic、hyper realistic。

8.2 通用提示词与万能“咒语”（公式）

之前我们通过一个具体的案例，从主体、环境、氛围等多个维度对提示词进行了处理和分析。

由此我们得出这样的结论：对于提示词的丰富和描写并不是随意的，而是有一定规律可循的，只有这样才能更高效地得到我们想要的画面，如果盲目、随意地增加提示词，可能会让一些没必要或是比较啰唆的提示词影响有效提示词对于画面效果的控制。

8.2.1 万能公式，神奇的“咒语”

接下来我们对提示词撰写的通用技巧进行总结，整理出一套比较完整的提示词“咒语”（公式），后续我们在针对任意题材时，就可以套用这一公式，从而快速生成我们想要的画面效果。我们可以将其称为万能公式，也可以称为神奇的“咒语”。

一般来说，要生成某一种画面效果，先要确定画面的主体和陪体（客体），之后要对主体的细节进行描写，然后是环境和环境的细节描写；接下来是对构图、光线、色彩，以及氛围渲染、情绪等进行描述；接着我们可以通过对图片质量的控制，最终确定画面效果。

对于构图、光线、色彩，以及氛围渲染、情绪等的具体描述，在不同题材当中是有所差别的，上面的案例以及下面的公式中，只简单列出了一些常见的提示词。后续在实际应用当中，我们还应该灵活运用。

中文公式（咒语）：主体+陪体（客体）+细节、环境+细节、构图（景别、视角高低、构图形式等）、光线（光的方向、自然光与灯光、电影光、影棚光、柔和与硬朗、日出与日落）、色彩、氛围渲染、情绪、质量。

英文公式（咒语）：Subject+accompanying body (object)+details, environment+details, composition (scenery, angle of view, composition form, etc.), light (direction of light, natural light and lighting, movie light, studio light, soft and hard, sunrise and sunset), color, atmosphere rendering, mood, quality。

8.2.2 提示词的顺序

我们再通过一个具体的案例，来查看不同提示词对于画面的影响，并验证上述公式。

图 8-10

输入英文提示词“A girl holding a bouquet of wild flowers in a dense forest, real shot --ar 3:2”，中文翻译为“茂密的森林中一个拿着一束野花的女孩，实拍”。在Midjourney中输入提示词，按Enter键后，生成初始的网格图片，如图8-10所示。

我们应该知道，“茂密的森林”这句话交代了环境以及环境的细节；女孩是主体，拿着一束野花是对主体的描写；野花是陪体；最后的提示词“实拍”影响的是图片的画质，这样可确保生成的图片比较真实，像实拍的照片一样。

可以看到当前生成的图片有明显问题，即我们本来要突出的是主体女孩，但现在野花明显过于醒目，影响到了女孩的表现力。这是提示词中女孩前的修饰词过多所导致的，Midjourney会判定前面的修饰词有较大比重，从而突出了野花。

所以在生成这类内容时，应该将“女孩”这个词向前挪，将“野花”等修饰词往后挪。因此，我们对提示词进行了修改：“In the dense forest, a girl smiles and holds a bouquet of wild flowers, real shot”，中文翻译为“茂密的森林中，一个女孩微笑地拿着一束野花，实拍”。

此时再来看生成的图片，效果就比较理想了，如图8-11所示。

图 8-11

8.2.3 通用提示词生图实战

接下来我们还可以在之前提示词的基础上进行丰富，对主体人物继续进行细节的描写。这里使用了“穿着白色连衣裙”这样的提示词：“In a dense forest, a girl in white dress smiles and holds a bouquet of wild flowers, real shot”。在最后生成的画面中，可以看到人物的服装有一种欧洲传统服饰风格，如图8-12所示。

图8-12

继续添加“全身视角”这样的构图提示词：“A smiling girl holding a lantern and wearing traditional European clothing stands in a leafy forest, full body view”。可以看到生成的图片中，没有人物是全身视角，如图8-13所示。这属于Midjourney算法的缺陷所致，而非我们的提示词不正确。

图8-13

针对这种情况，可以在输入“全身视角”这样的提示词之后，再加上“包含脚”或

“穿着高跟鞋”等明显包含脚部的提示词，这样更容易得到全身视角的人物。

另外，我们还可以使用“侧面视角”这样的提示词进行限定：“A smiling girl holding a lantern and wearing traditional European clothing stands in a leafy forest, side view, real Photo”。可以看到生成的图片中，人物多是侧面的视角，而非之前的正面视角，如图8-14所示。

图8-14

之后，我们还可以对画面的色彩以及光线等进行设定。

这里使用“影视级用光”这样的提示词，最终会让生成的图片中，人物部分的环境光线呈现出更具有电影效果，有影视画面的感觉。

此时的英文提示词为“In the dense forest, a girl in white dress smiles and holds a bouquet of wild flowers, film and television grade lighting”，中文翻译为“在茂密的森林中，一袭白裙的女孩微笑着捧着一束野花，影视级用光”。生成的图片如图8-15所示。

图8-15

第9章 Midjourney在摄影领域的应用

本章将介绍Midjourney在摄影领域的应用，首先讲解提示词撰写的通用技巧，之后分别对风光、人像、时尚、纪实、野生动物、微距、花卉、微缩及星空等题材的Midjourney应用进行讲解。

9.1 摄影流派及画面效果

在近200年的发展历程中，摄影领域诞生了许多重要的流派，其中，常见的摄影流派主要有印象派摄影、自然主义摄影、达达派摄影、绘画主义摄影、纯粹主义摄影、超现实摄影、主观主义摄影、抽象摄影、堪的派摄影等。

9.1.1 印象派摄影

印象派摄影追求明暗和色彩在人的视觉印象中的感受，作品中的形象没有明确的线条和轮廓界线，亦不强调立体感和质感。

输入英文提示词“impressionist photography, real photo --ar 3:2”，生成的画面如图9-1所示。

图9-1

9.1.2 自然主义摄影

自然主义摄影要求题材真实而不是有意设计或安排的，认为只有接近自然、酷似自然的作品才是最优的艺术作品。

输入英文提示词“naturalistic photography, real photo --ar 3:2”，生成的画面如图 9-2 所示。

图 9-2

9.1.3 达达派摄影

达达派摄影与传统和理性对立，宣称与美学无缘；通过暗房、拼接等技巧构筑作品。达达派摄影艺术家大都利用暗房技术进行加工，创造某种虚幻的景象来表达自己的情绪。

输入英文提示词“Dada Photography, real photo --ar 3:2”，生成的画面如图 9-3 所示。

图 9-3

9.1.4 绘画主义摄影

绘画主义摄影追求绘画意趣，以绘画造型原则规范自己的摄影创作；崇尚古典主义，画面显得含蓄、沉静、典雅。

输入英文提示词“Pictorialism Photography, real photo --ar 3:2”，生成的画面如图9-4所示。

图 9-4

9.1.5 纯粹主义摄影

纯粹主义摄影主张摄影艺术应该发挥自身的优势，抛弃绘画的影响，提倡用纯净的摄影技术去获得摄影所特有的审美效果。

输入英文提示词“purist photography, real photo --ar 3:2”，生成的画面如图9-5所示。

图 9-5

9.1.6 超现实摄影

超现实摄影认为将人类的下意识、灵感、梦幻形象化才是艺术的广阔天地；利用技法做出荒诞的、不可思议的效果。

输入英文提示词“surreal photography, real photo --ar 3:2”，生成的画面如图9-6所示。

图 9-6

9.1.7 主观主义摄影

主观主义摄影认为摄影应该是人格化、人性化的艺术；画面中的影像是具象的或是抽象的，都不过是自我表现的形式而已，是摄影家的感觉、意识和情绪。

输入英文提示词“subjectivist photography, real photo --ar 3:2”，生成的画面如图9-7所示。

图 9-7

9.1.8 抽象摄影

抽象摄影认为艺术的本质是感情宣泄，用点、线、面、影调、色彩等抽象符号或其组合表达感情。

输入英文提示词“abstract photography, real photo --ar 3:2”，生成的画面如图9-8所示。

图9-8

9.1.9 堪的派摄影

堪的派摄影主张尊重摄影自身特性，强调真实、自然，主张拍摄时不摆布、不干涉对象，提倡抓取自然状态下被摄对象的瞬间情态。

输入英文提示词“candid photography, real photo --ar 3:2”，生成的画面如图9-9所示。

图9-9

9.2 摄影类通用提示词

用户在借助Midjourney生成摄影图片时可以参照如下公式。

/prompt：摄影类型或风格（各种题材，以及如极简、赛博朋克、写实、未来等各种常见风格）+相机品牌/机型+镜头焦距信息+景深+快门速度。

当然，这只是一个基础公式，针对具体的不同题材，还需要使用一些特定提示词，才能生成效果更好的图片，后续我们将详细介绍。

9.2.1 不同品牌相机提示词设定

在摄影类的提示词当中，加入相机品牌提示词，可以丰富或改变所生成画面的影调、细节和色彩。不同品牌的相机有各自比较特殊的成像特点。一般来说，我们常用的相机品牌主要有佳能、尼康、富士、索尼，以及哈苏等。

下面我们来看添加不同品牌相机提示词所生成的画面特点。

输入英文提示词“a lion, photo by Nikon camera --ar 3:2”，生成的画面如图9-10所示。

图9-10

输入英文提示词“a lion, photo by Canon camera --ar 3:2”，生成的画面如图9-11所示。

图9-11

输入英文提示词“a lion, photo by Fuji camera --ar 3:2”，生成的画面如图 9-12 所示。

图 9-12

输入英文提示词“a lion, photo by Hasselblad camera --ar 3:2”，生成的画面如图9-13所示。

图 9-13

输入英文提示词“a lion, photo by Sony camera --ar 3:2”，生成的画面如图 9-14 所示。

图 9-14

可以看到，添加尼康相机提示词之后，画面整体的影调、色彩都是比较理想的。一般来说，佳能相机的成像色彩比较红润，而尼康的锐度比较高，并且黄色的成分比较多；富士相机成像的色彩比较有特点，但从画面来看，添加富士相机提示词之后，画面的反差比较大，高光或暗部的细节可能会有损失；添加哈苏相机提示词之后，我们会发现画面的色彩还原比较准确，并且暗部与高光的细节比较丰富，画面的宽容度是比较高的；添加索尼相机提示词所生成的画面效果，给人的感觉是介于佳能和尼康相机的成像效果之间，无论是色彩、影调，还是画质，整体效果是比较均衡的。

在实际的AI生图过程当中，我们可以根据想要的画面效果来添加不同的相机品牌。比如说我们在生成人像类图片时，可以添加佳能相机、哈苏相机这样的提示词；生成风光类题材图片时可以考虑使用尼康相机、索尼相机和富士相机等提示词；在生成一些时尚、商业拍摄类题材图片时可以添加哈苏相机这一提示词。

9.2.2 焦距带来的透视与虚实变化

下面我们再来看镜头焦距这一提示词对画面的影响。加入镜头焦距提示词，会影响到画面的透视效果和虚实变化。通常来说，焦距越短，画面的透视性会越好，画面远近的景物都更清晰；如果设定的镜头焦距较长，那么透视性会变弱，但是背景的虚化程度会变高。

下面我们以生成一张老虎图片为例，来看镜头焦距变化对画面的影响。

首先我们用15mm焦距来生成老虎的图片。输入英文提示词“A tiger, shot with a 15mm lens --ar 3:2”，生成的画面如图9-15所示。可以看到，画面的虚化程度有所欠缺。

图 9-15

将焦距改为50mm，输入英文提示词“A tiger, shot with a 50mm lens --ar 3:2”，生成的

画面如图9-16所示。可以看到，画面的视角变小，背景的虚化程度变高。

图9-16

将焦距改为100mm，输入英文提示词“A tiger, shot with a 100mm lens --ar 3:2”，生成的画面如图9-17所示。可以看到，背景的虚化程度更高。

图9-17

将焦距改为500mm，输入英文提示词“A tiger, shot with a 500mm lens --ar 3:2”，生成的画面如图9-18所示。可以看到，视角变得更小，透视性变差，背景与主体对象几乎叠加到了一起，这是透视性变弱的明显标记，并且前景和背景都得到了更大幅度的虚化。

由上述案例我们可以知道，镜头焦距可以带来画面虚实与透视的变化。

图 9-18

9.2.3 景深与虚实效果设定

除镜头焦距外，光圈数值越大，画面景深越浅，虚化程度会越高，但Midjourney很难识别具体的光圈数值，所以为了描述画面的虚实程度，我们通常用浅（小）景深和深（大）景深来对提示词进行修改。

浅景深是指画面有更大的虚化效果，深景深则会得到更清晰的景物、更小的虚化效果。

下面来看具体的应用。

输入英文提示词“A rose flower, shallow depth of field effect --ar 3:2”，中文翻译为“一朵玫瑰花，浅景深效果”，生成的画面如图9-19所示。可以看到，生成的玫瑰花背景虚化程度是非常高的。

图 9-19

为了更好地观察景深的效果，我们可以改变提示词，用“一大片花田”来描述深景深的效果。输入英文提示词“A large field of roses is very clear from far and near --ar 3:2”。可以看到生成的图片中，近处与远处的景物都比较清晰，那么这是一种更大景深的效果，如图9-20所示。

图9-20

9.2.4 快门速度与生图效果

快门速度也会对我们生成的摄影图片有较大影响。

Midjourney无法识别特别具体的快门数值，但是我们可以用高速快门和慢速快门来进行描述，从而影响最终生成的画面效果。

这里我们要生成一条在悬崖上的瀑布，然后用高速快门来进行限定。输入英文提示词“A waterfall hanging on a cliff, high speed shutter --ar 3:2”，生成的画面如图9-21所示。可以看到瀑布的水流凝结下了瞬间的清晰画面，有比较强的质感。

图9-21

我们再用慢速快门进行限定。输入英文提示词“A waterfall hanging on a cliff, slow shutter speed --ar 3:2”，生成的画面如图9-22所示。可以看到瀑布出现了动感模糊，是一种慢快速门的瀑布效果。

图 9-22

9.3 风光摄影

首先确定风光摄影landscape photography这一提示词，之后加入场景、风格，以及其他描述风光场景的提示词，即可得到比较好的风光图片。

9.3.1 常见风光摄影的场景提示词

下面我们介绍风光摄影当中常用的场景提示词及它们对应的具体画面。

输入英文提示词“landscape photography, forest landscape, real photo --ar 3:2”，生成的画面如图9-23所示。这是森林场景对应的画面。

图 9-23

输入英文提示词“landscape photography, prairie landscape --ar 3:2”，生成的画面如图9-24所示。这是草原场景的画面。

图9-24

输入英文提示词“landscape photography, desert landscape, minimalist style, real photo --ar 3:2”，生成的画面如图9-25所示。这是沙漠场景的画面。

图9-25

输入英文提示词“landscape photography, alpine landscapes, real photo --ar 3:2”，生成的画面如图9-26所示。这是高山场景的画面。

图9-26

输入英文提示词“landscape photography, stream landscape, real photo --ar 3:2”，生成的画面如图9-27所示。这是溪流场景的画面。

图 9-27

输入英文提示词“landscape photography, sea and backlit sailing boat landscape, real photo --ar 3:2”，生成的画面如图9-28所示。这是大海场景的画面。

图 9-28

9.3.2 获得优质风光图片的技巧

之前我们已经讲过摄影类通用提示词的大致撰写方法。那么我们只要使用这种公式，然后加上一些专用的提示词，就可以得到比较好的效果。

比如说，我们可以限定某些特定的高山、森林或者湖泊场景，之后设定黄金时刻、蓝调时刻、神奇的光雾时刻等提示词，再加入一些类似于令人惊叹的风景、国家地理、极简主义风格或是新闻渲染等提示词，画面会发生较大变化。

我们还可以根据之前所讲，加入一些相机品牌，以及镜头或其他提示词，最终就可以生成非常优质的风光图片。

风光摄影常用的形容词：神奇的光雾时刻、黄金时刻、蓝调时刻、史诗般的风景、令人惊叹的风景、辛烷渲染、国家地理图片、极简主义风格。

风光摄影常用的摄影师（风格）：Marcin Sobas、Martin Rak、Michael Shainblum、Nathan Wirth、Ansel Adams、Max River。

输入英文提示词“Landscape Photography, Alpine Landscapes, Golden Hour, Magical Haze Moment, Epic Scenery, National Geographic Photos, Real Photos --ar 3:2”，中文翻译为“风光摄影，高山场景，黄金时刻，神奇的光雾时刻，史诗般的风景，国家地理图片，真实照片”，生成的画面如图9-29所示，可以看到图片画面非常优美。

图9-29

之后我们在已有提示词的基础上加入一些比较著名的风光摄影师的风格。这里我们加入了Max River，他是一位来自荷兰的高山风光摄影师，他的摄影作品具有极高的辨识度，整体雄浑壮丽，又充满神秘与奇幻的色彩。输入英文提示词“Landscape Photography, Alpine Scenery, Golden Hour, Magical Haze Moment, Epic Landscapes, National Geographic Photos, Real Photos, Max River Style --ar 16:9”，生成的画面如图9-30所示。可以看到，画面会再次发生变化。

之后我们加入相机类型、镜头类型等限定，从而再次改变画面的风格、锐度等效果。输入英文提示词“Landscape Photography, Alpine Scenery, Golden Hour, Magical Haze Moment, Epic Landscapes, National Geographic Photos, Real Photos, Max River Style, Nikon D850 Nikon AF-S NIKKOR 14-24mm f/2.8G ED lens --ar 16:9”，生成的画面如图9-31所示。

图 9-30

图 9-31

9.4 人像摄影

9.4.1 人像摄影提示词要点

对于人像图片的生成，我们依然可以套用之前的公式。但要注意，在生成人像图片时，有一些特定的要求，比如视角、景别和光线等。常见的人像摄影视角有全身视角、半身视角、特写等；景别则有远景、全景、中景、近景和特写；光线包括顺光、侧光、逆光等，而色彩则包括我们常见的红、橙、黄、绿、青、蓝、紫等不同色相，以及冷暖对比等搭配方式。

实际上，如果我们限定采用某些常见的图片风格，也会对色彩有较大影响。比如说我们限定人像风格为怀旧，那么画面当中的影调与色彩也会发生变化。

常见风格有韩式人像、中国古风、欧式人像、赛博朋克、怀旧人像等。

9.4.2 人像摄影的视角与光线控制

下面来看具体的AI生图案例。

输入英文提示词“A beautiful woman in white dress against the background of Muhlenbergia capillaris, real photo --ar 3:2”，中文翻译为“一个身着白色裙子的美女站在花田里面，真实照片”。当前的提示词比较简单，对细节的描写比较少。生成的画面如图9-32所示。之后我们可以添加其他提示词进行限定。

接下来看视角与光线对画面的影响。

输入英文提示词“Beautiful woman wearing white dress on forest background, side view, low angle of view, side light, real photo --ar 2:3”，中文翻译为：“一个身着白色裙子的美女站在森林里，侧面视角，低视角，侧光，真实照片”。可以看到生成的图片中，各种元素基本符合我们的要求，如图9-33所示。

图9-32

图9-33

之后我们改一下提示词，将侧光改为软光，也就是没有直射光。输入英文提示词“Beautiful woman in white dress on forest background, soft light, real photo --ar 2:3”，可以看到生成的画面中呈现一种散射光的光效，如图9-34所示。

但要注意，我们使用软光这种提示词进行限定时，并不总能够生成让我们满意或是符合要求的画面。

虽然从摄影的角度来看软光与散射光是一样的，但在英文表达中可能会有差异，这里我们尝试将软光改为散射光，输入英文提示词“A beautiful woman in white dress against the background of forest, scattered light, real photo --ar 2:3”，生成的画面当中，有一些图片依然产生软光的效果，也就是散射光的效果，但也有两张图片会产生直射光的效果。整体来看，在生成人像图片时，初始网格图片并不都能满足需求，如图9-35所示。

图 9-34

接下来将画面改为没有太阳光线照射的效果，再次进行生成。输入英文提示词“Beautiful woman in white dress on forest background, no sun rays, real photo --ar 2:3”，可以看到图片其实都不符合要求，图片中都有太阳光线照射的效果，如图9-36所示。由此可知，有时候提示词会失效。

图 9-35

图 9-36

9.4.3 人像摄影的风格控制

生成人像图片时，还可以加入很多不同的风格，比如韩流、传统中国古风、欧式人像等。

同样是之前的森林人像图片，我们可以加入韩流这种风格限定的提示词。输入英文提示词“Beautiful woman wearing white dress on forest background, Hallyu, side view, high angle of view, soft lighting, half body, real photo --ar 3:2”，可以看到生成的画面中，有了明显的韩式人像风格，如图9-37所示。

图9-37

9.5 时尚摄影

9.5.1 时尚摄影的提示词要点

对于时尚人像图片，除之前所述的一般的人像图片的视角、光线等提示词之外，我们还应该注意另外一些比较重要的提示词，如东西方模特、时装摄影，以及特定杂志风格等。比如我们可以加入意大利“Vogue”杂志风格这样的设定，还可以加入一些特定的摄影师名字，如张静娜等。最后就可以得到比较有特点的时尚人像图片。

9.5.2 时尚杂志风格的画面

下面我们通过具体的案例来讲解时尚摄影的AI生图技巧。

输入英文提示词“Fashion portraits, high fashion photography, "Vogue" Italian fashion magazine --ar 2:3”，中文翻译为“时尚人像，高级时尚摄影，Vogue意大利时尚杂志”。可

以看到，生成的画面是比较有时尚感的，也比较有特色，如图9-38所示。

下面换一种杂志风格进行生成，输入英文提示词“Beautiful European and American models, high fashion photography, wide angle shooting, "ELLE" magazine style, elegance, perfect details --ar 2:3”，如图9-39所示。可以看到生成的画面风格与前例的是不一样的，一种风格是“大家闺秀”的时尚风格，另一种则是“小家碧玉”的画面风格。

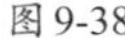

图 9-38

图 9-39

另外，我们还可以用一些比较特殊的风格限定来控制所生成的画面。比如说这里我们使用的是赛博朋克风格，输入英文提示词“A man wearing a sci-fi costume, with a city street night scene in the background, cyberpunk style --ar 3:2”，可以看到生成的画面风格比较特殊，如图9-40所示。

图 9-40

9.5.3 时尚摄影的摄影师风格

除一些比较时尚的杂志风格之外，我们还可以通过输入特定的摄影师名字来控制画面的风格。比如说这里我们输入的摄影师名字是张静娜。输入英文提示词“Beautiful oriental model, high fashion photography, wide angle shot, Zhang Jingna --ar 2:3”，可以看到生成的画面风格又会完全不同，如图9-41所示。

图9-41

9.6 纪实摄影

因为纪实摄影追求记录的真实性和客观性，所以使用Midjourney生成人文纪实类题材的图片，主要供纪实摄影师参考画面构图、用光等，而不能将生成的图片作为纪实摄影作品。

我们可以使用Midjourney生成一些纪实类题材的作品来进行参考，启发我们后续进行创作。

一般来说，人文纪实类题材图片的提示词或者摄影师风格主要有玛格南图片社、布列松的决定性瞬间、xx年代感、区域限定等。

下面我们通过一些具体的案例来进行讲解。

首先我们生成一张非洲部落的纪实肖像。输入英文提示词“Documentary photography, African tribal portraits, dramatic light, HD quality --ar 2:3”，可以看到生成的是看起来非常专业的纪实人像图片，如图9-42所示。

图9-42

继续设定纪实摄影，后续的提示词我们限定布列松的决定性瞬间。输入英文提示词“Documentary photography, Cartier-Bresson's decisive moment, HD quality --ar 3:2”。可以得到一组模仿布列松风格的图片，如图9-43所示。

图9-43

使用玛格南图片社的风格来进行生图，输入英文提示词“Documentary photography, Magnum Photo Agency, HD quality --ar 3:2”，可以得到一组战争场景图片，如图9-44所示。

之后可以尝试生成不同国家和地区、特殊年代的一些图片。

图9-44

将国家和年代设定为美国的20世纪80年代，主题是一个农场之家的合影。输入英文提示词“Documentary photography, the United States in the 1980s, a family on a farm, HD quality --ar 3:2”，所生成的画面如图9-45所示。

图9-45

我们继续进行生成，输入英文提示词“Documentary photography, farmers working on the farm in the United States in the 1950s, HD quality --ar 3:2”，可以看到生成的是20世纪50年代美国的一个农场在进行耕作的场景，如图9-46所示。

图9-46

之后我们尝试生成20世纪40年代美国街头的一些场景。输入英文提示词“Documentary photography, American 1940s, American street photography, HD quality --ar 3:2”，生成的画面如图9-47所示。

图9-47

9.7 野生动物摄影

使用Midjourney生成野生动物摄影题材的图片时，主要的提示词有超写实的瞬间、威胁、大喊、狰狞、狩猎感、紧张等；还可以使用尘土飞扬、溅起泥土、奔跑等提示词；之后加入国家地理、获奖的摄影作品等提升画面格调的提示词，用于强化作品的效果。至于野生动物摄影师的风格，我们可以到网上去查一些相关的摄影师的作品，喜欢他的风格的话可以加入。

这里我们想生成一张非洲角马过河的图片。输入英文提示词“Wildlife photography, African wildebeest crossing the river, dusty, aerial perspective, dynamic, National Geographic, HD quality --ar 3:2”，中文翻译为“野生动物摄影，非洲角马过河，尘土飞扬，空中视角，动态，国家地理，高清画质”，生成的画面如图9-48所示。

图9-48

换一个场景，可以看到猎豹捕食的精彩瞬间，同样使用尘土飞扬。输入英文提示词“Wildlife photography, cheetah hunting, fast running, dynamic, National Geographic, HD quality --ar 3:2”，生成的画面如图9-49所示。

图9-49

再看一组火烈鸟的图片，采用的是常规视角。输入英文提示词“Wildlife photography, flamingos in the extraordinary national park, HD quality --ar 3:2”，生成的画面如图9-50所示。

图 9-50

之后我们可以换成航拍视角，效果会更理想。输入英文提示词“Wildlife photography, flamingos in the National Park, aerial perspective, HD quality --ar 3:2”，生成的画面如图9-51所示。

图 9-51

接下来看鹰隼俯冲的精彩瞬间，同样使用国家地理这样的提示词。输入英文提示词“Wildlife photography, falcon catching a hare, amazing moment, National Geographic, HD quality --ar 3:2”，生成的画面如图9-52所示。

图 9-52

描述这些精彩画面时，我们还可以使用“令人不可思议的瞬间”等提示词，并且可以调整所要表现的鹰隼的角度，比如侧面视角、正面视角等，从而调整画面的效果。输入英文提示词“Wildlife photography, falcon catching a rabbit, side view, amazing moment, National Geographic, HD quality --ar 3:2”，生成的画面如图 9-53 所示。

图 9-53

我们也可以加入一些描写环境的提示词，从而让画面更好。输入英文提示词“Wildlife photography, three swans flying in the sky with red sun in the background, wonderful silhouette effect, National Geographic, HD quality --ar 3:2”，生成的画面如图 9-54 所示。在这个案例中，我们加入了红色的日落，那么画面中整个背景就会比较优美，衬托出了天鹅的舞姿。

图 9-54

输入英文提示词“Wildlife photography, in the grassland, elephants raise their heads and roar, with the blue sky and full moon in the background, National Geographic, wonderful moments, HD quality --ar 3:2”，生成的画面如图9-55所示。这个场景描绘的是夜晚非洲草原上的大象，可以看到的是兼顾了野生动物与环境美感的一组图。

图 9-55

同样是非洲草原上的大象，我们可以更换时间，不再是夜晚，而是草原上的日落瞬间，黄金时刻，得到的就是另外一种具有细节和色调、影调的画面。输入英文提示词“Wildlife photography, on the grassland, elephants raise their heads and roar, with the sky in the background, golden hour, National Geographic, wonderful moments, HD quality --ar 3:2”，生成的画面如图9-56所示。

图 9-56

9.8 微距摄影

对于微距摄影来说，我们所需要的提示词其实并不多，重要的是我们要用当前比较权威的几种微距摄影类别提示词，对画面进行限定。只要你知道这些不同的类别提示词，再结合想要表现的主体对象，基本上就能得到比较好的效果。

一般来说，我们可以将微距摄影大致分为环境微距摄影、特写微距摄影和显微微距摄影这几类。

环境微距是指画面中除微距表现的主体对象之外，还兼顾一定的环境信息。

特写微距主要表现主体及其局部，环境感比较弱，甚至完全没有。

显微微距画面呈现的是主体对象表面的一些局部纹理，如微观世界的一些细节，也是没有环境感的。

9.8.1 环境微距：兼顾环境信息

首先设定环境微距这一提示词，主体是豆娘，从而得到一组环境微距画面。输入英文提示词“Macro photography, environmental macro, two damselflies on grass blades, backlighting effect, blurred background, HD quality --ar 3:2”，生成的画面如图9-57所示。

图9-57

9.8.2 特写微距：突出某些重点部位

接下来将提示词定义为特写微距，主体是蜻蜓的眼睛。输入英文提示词“Macro photography, close-up macro, dragonfly eyes, HD quality --ar 3:2”，生成的画面如图9-58所示。可以看到，画面的环境感很弱，呈现的只是苍蝇眼睛局部的特写。

图9-58

下面呈现的是落在地上的雪花微距特写。输入英文提示词"Macro photography, closeup photography, a snowflake falling on the ground, HD quality --ar 3:2"，生成的画面如图9-59所示。

图9-59

9.8.3 显微微距：显示微观世界的纤毫

显微微距可以表现的题材非常多。首先来看第一组图，表现的是蝴蝶翅膀上的纹理。输入英文提示词"Macro photography, microscopic macro photography, texture on butterfly wings, HD quality --ar 3:2"，生成的画面如图9-60所示。

图 9-60

下面表现的是肥皂水的结构和色彩等信息，呈现的是微观世界非常微小的细节。输入英文提示词“Macro photography, microscopic macro photography, texture and color of soap bubble surface, HD quality --ar 3:2”，生成的画面如图 9-61 所示。

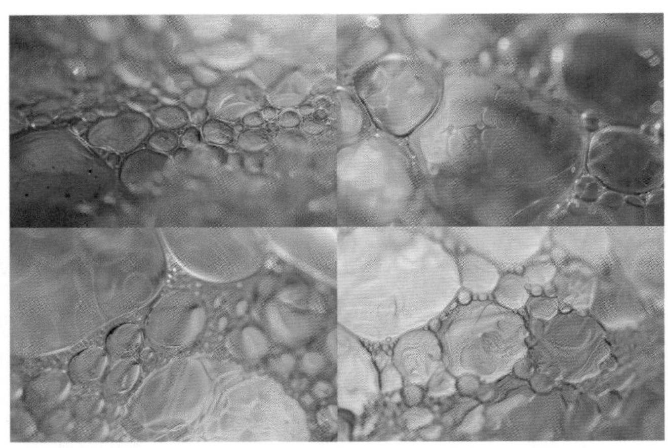

图 9-61

从上述通过微距分类进行限定再生图的案例来看，限定是哪一类微距摄影是非常重要的。

9.9 花卉摄影

对于花卉摄影，我们可以设想出这样几种场景：黑背景花卉、虚化背景的花卉、多重曝光场景的花卉、与昆虫结合的花卉、透光的花卉，以及与景物结合的花卉等。

采用点测光对花朵进行测光，可以让背景完全暗下来，这样的图片可以非常好地呈现花朵的形态、纹理和细节，是一种比较简单的情况。

我们可以直接定义花卉摄影，设定黑背景，这样就很容易得到黑背景的花卉图片。输入英文提示词“Flower photography, one lily flower on black background, HD quality --ar 3:2”，生成的画面如图9-62所示。

图9-62

使背景极度虚化，即景深非常浅，可以得到虚化背景的花卉图片。输入英文提示词“Flower photography, a lily with a very blurred background, HD quality”，生成的画面如图9-63所示。

图9-63

输入英文提示词“Flower photography, multiple exposure effect of lotus flowers, HD quality --ar 3:2”，生成的画面如图9-64所示。这是设定多重曝光效果的花卉图片。

图 9-64

输入英文提示词“Flower photography, bees flying on daisies, shallow depth of field effect, HD quality --ar 3:2”，生成的画面如图9-65所示。图片呈现的是蜜蜂在花朵周围飞舞的画面。

图 9-65

输入英文提示词“Flower photography, low angle shot of tulip flowers, the petals are translucent, dreamy, HD quality --ar 3:2”，生成的画面如图9-66所示。这一组图片采用的是低视角仰拍，得到一种光线透过花瓣的透光效果。

图 9-66

我们还可以生成花卉与建筑等景物相结合的画面，从而让图片画面更有意境。输入英文提示词“Flower photography, roses blooming on the wooden fence, petals scattered on the dirt ground, beautiful artistic conception, dim light, HD quality --ar 3:2”，生成的画面如图9-67所示。这组图片使用的是蔷薇花与木栅栏的提示词组合，从而得到非常有意境的画面。

图9-67

输入英文提示词“Flower photography, in a large lavender field, there is the back of a girl in white dress in the distance, aerial perspective, ultra-wide-angle lens, HD quality --ar 3:2”，生成的画面如图9-68所示。这组图片呈现的是人物与大片薰衣草花田结合的效果。

图9-68

输入英文提示词“Flower photography, large swaths of cherry blossoms in bloom, petals falling and flying, dreamy beauty, HD quality --ar 3:2”，生成的画面如图9-69所示。这组图片呈现的是大片樱花飞舞的场景。

图 9-69

在描述提示词时，我们可以加入中国传统古建筑元素，从而营造出更优美、更有意境的画面。输入英文提示词“Flower photography, large swaths of cherry blossoms in bloom, behind the cherry blossoms is an ancient Chinese building, petals falling and flying, dreamy beauty, HD quality --ar 3:2”，生成的画面如图 9-70 所示。

图 9-70

9.10 微缩摄影

微缩摄影是一种比较独特的摄影方法，一般是指利用移轴镜头特性，得到中间清晰、四周模糊的效果。在实际应用中，也可以借助后期软件对一般图片进行处理，得到微缩摄影的效果。

借助Midjourney生成微缩摄影图片时，常用的提示词有微缩景观、移轴摄影、3D渲染、辛烷渲染等。

夜晚的城市街道，有时比较适合使用微缩摄影的方式来呈现，特别容易得到一种非常戏剧化的效果，并且通过对上下或左右的模糊，模糊掉一些比较杂乱的线条，能让画面显得比较干净。

输入英文提示词“Miniature photography, bustling city street night scene, traffic flow, blurred light spots, tilt-shift photography, ultra-detail, octane rendering, 3D, UHD --ar 3:2”，生成的画面如图9-71所示。

图9-71

再来看一组具有微缩效果的花园场景图片。输入英文提示词“Miniature photography, a group of workers working in the garden, each with their own division of labor, ultra-detail, octane rendering, 3D, UHD --ar 3:2”，中文翻译为“微缩摄影，一群工人在花园里工作，各有分工，超细节，辛烷渲染，3D，UHD”，生成的画面如图9-72所示。

图9-72

9.11 星空摄影

对于星空摄影来说，我们经常使用的提示词其实比较简单，例如星轨摄影、长时间曝光、安静的氛围和实拍等。只要我们使用这几个提示词进行限定，很容易就能得到星轨的画面。

输入英文提示词“Star trail photography on rocks by the sea, long exposure, National Geographic, quiet atmosphere, real photos --ar 3:2”，中文翻译为“海边岩石星轨摄影，长时间曝光，国家地理，安静氛围，实拍”，生成的画面如图9-73所示。

图9-73

如果感觉生成的星轨与自己的预期有差距，比如无法得到完整、圆形的星轨，那么我们在提示词中添加“圆形的星轨”这样的提示词，就可以得到自己想要的效果。输入英文提示词“Circular star track picture, long exposure, seaside rocks, quiet atmosphere --ar 1:1”，生成的画面如图9-74所示。

图9-74

修改所生成图片的宽高比后再次生图，可以得到更像风光视角的星轨画面。输入英文提示词“Circular star track picture, long exposure, seaside rocks, quiet atmosphere --ar 3:2”，生成的画面如图9-75所示。

图9-75

10

第10章 Midjourney在设计领域的应用

本章讲解Midjourney在设计领域的应用，具体讲解室内设计、建筑外形设计、logo设计、UI设计、包装设计、服装设计、鞋类产品设计、电子产品设计和首饰设计的技巧。

10.1 室内设计

下面我们介绍Midjourney在室内设计中3种比较常见的应用。

10.1.1 常见的室内设计风格

首先来看第一种，Midjourney在不同风格室内设计方面的应用。

在室内设计领域，借助Midjourney可生成非常具有真实性的图片，可以方便设计师更直观地做好设计方案，还可以直接将这种生成的图片给客户看，客户满意之后，就确定了室内设计的风格，这样做的效率是非常高的。

在Midjourney中，我们只需要输入室内风格的提示词，很快就会得到大量的对应风格的室内设计渲染图，既可以供设计师使用，也可以供用户进行确认。

当前比较常见的室内设计风格有现代简约风格、轻工业风格、波希米亚风格等。下面我们通过不同的提示词展示这些风格的画面效果供大家参考。

输入英文提示词“Interior design, modern minimalist style living room, large windows with natural light, bright and spacious, modern furniture, decorated with green plants --ar 3:2”，中文翻译为“室内设计、现代简约风格的客厅、透自然光的大窗户、明亮且宽敞、现代家具、绿色植物装饰”，生成的客厅设计图片如图10-1所示。

图 10-1

在生成这些渲染图时，我们还可以使用之前所讲解的参数，对渲染图中的元素进行增减。比如说我们在现代简约风格的基础上，使用--no参数去掉绿色植物，就可以得到依然是现代简约风格但是没有绿色植物的渲染图。输入英文提示词“Interior design, modern minimalist style living room, large windows with natural light, bright and spacious, modern furniture, --no green plants --ar 3:2”，生成的画面如图10-2所示。

图 10-2

输入英文提示词“Interior design, modern industrial style living room design, gray, white, partial red brick structure, rough and textured materials --ar 3:2”，生成的画面如图10-3所示。这是我们使用白色、红色砖墙等提示词生成的有现代工业风格的客厅设计图片。

图 10-3

输入英文提示词“Interior design, palace-style living room design, gold, cyan and white, high dome, large chandelier, retro and luxurious furniture --ar 3:2”，生成的画面如图 10-4 所示。这是我们使用青色、浅色调、奢华设计等提示词生成的具有宫廷风格的客厅设计图片。

图 10-4

输入英文提示词“Interior design, bohemian style living room design, dark yellow tones, green plants, bohemian style furniture, relatively simple style --ar 3:2”，生成的画面如图 10-5 所示。这是我们使用绿色植物、暗黄色调等提示词生成的具有波希米亚风格的客厅设计图片。

图 10-5

10.1.2 AutoCAD平面图与平面效果图

下面来看Midjourney在室内设计中的第二种应用，它可以生成平面图或平面效果图。

首先来看这个案例，输入英文提示词“AutoCAD drawing of the floor plan, the first floor villa building plan, including bedroom, living room, bathroom, kitchen and other building space, each space has specific furniture --ar 16:9 --v 5.0”，中文翻译为“AutoCAD绘制的平面图，一层别墅建筑平面图，包括卧室、客厅、浴室、厨房等建筑空间，每个空间都有特定的家具”，生成的画面如图10-6所示。这是使用Midjourney V5.0生成的，模仿用AutoCAD直接绘制的线条平面图，这种图片可以供设计师参考。在具体应用时，设计师只需要根据Midjourney提供的创意去规范尺寸，并增减一些元素就可以了，可以大幅度提高设计师的工作效率。

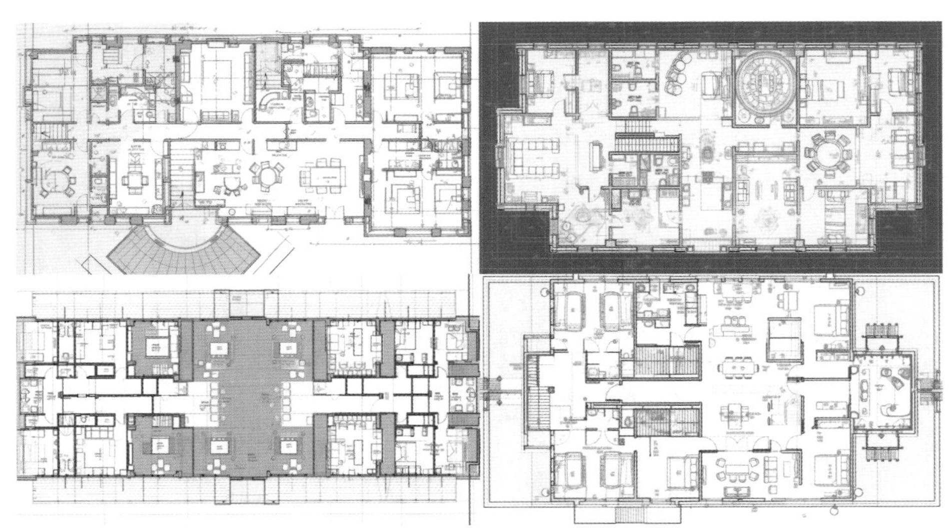

图10-6

这里我们需要注意的是，在使用Midjourney生成平面图时，如果提示词和Midjourney版本控制不好，可能生成的不是平面图，而是平面效果图。

所以大家在使用Midjourney生成建筑的平面图或者平面效果图时，要注意控制AutoCAD的位置，尽量使用floor plan这个提示词，还要注意软件版本。

我们依然使用最开始使用的提示词，只是将Midjourney的版本改为V5.2，输入英文提示词“AutoCAD drawing of the floor plan, the first floor villa building plan, including bedroom, living room, bathroom, kitchen and other building space, each space has specific furniture –ar 3:2”，可以看到生成的不是平面图，而是平面效果图，如图10-7所示。

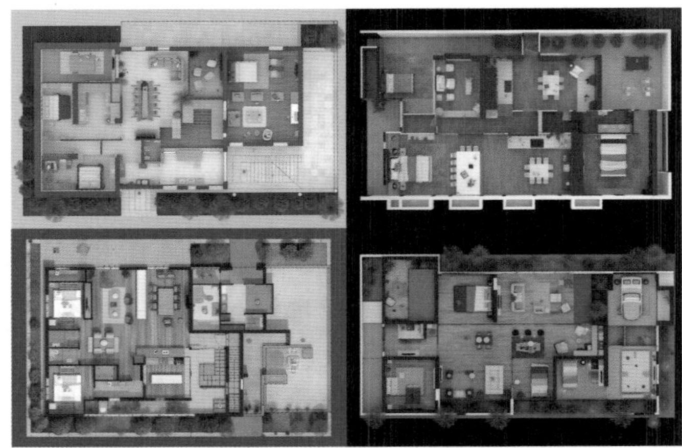

图 10-7

再来看下面这种情况，出现了floor plan，并且我们用更适合生成线条图的V4，只是对AutoCAD进行了后置，会发现生成的也不是平面图。输入英文提示词“The floor plan of the first floor of the villa, drawn with AutoCAD, includes 1 bedroom, 1 living room, 1 kitchen, and 1 cloakroom. Each space has specific furniture. --v 4 --ar 3:2”，生成的画面如图 10-8 所示。

图 10-8

所以说要生成平面图，最好遵循下面的方式：将AutoCAD提示词放在开始的位置，并使用floor plan这个提示词，以及使用V5.0及之前的版本。输入英文提示词“AutoCAD drawing of the floor plan, the first floor villa building plan, including 1 bedroom, 1 living room, 1 kitchen and other building space, each space has specific furniture --ar 3:2 --v 4”，生成的画面如图 10-9 所示。

当然，我们也可以这样认为，大部分情况下我们更容易生成平面效果图，而如果要生成平面图，则要注意我们之前所讲的几个要点。

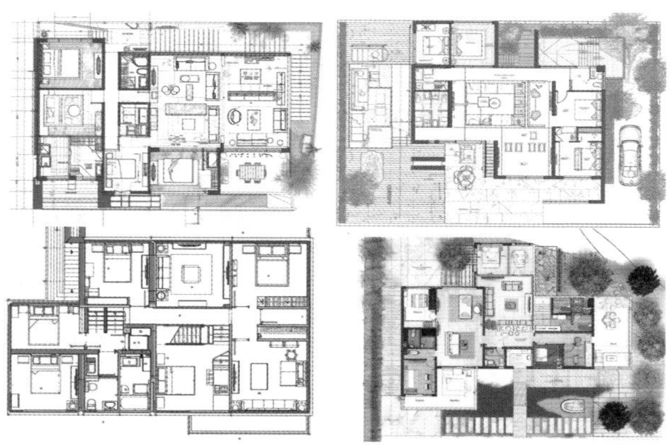

图 10-9

10.1.3 三维透视图

下面来看Midjourney在室内设计中的第三种应用。

借助Midjourney，我们可以很轻松地生成室内设计的三维透视图，只要出现“透视效果图”这样的提示词就可以了。

来看具体案例。

输入英文提示词“Architectural perspective renderings, the architectural plan of a clinic, including doctor's office, ward, pharmacy, clinic and other building spaces. Each space should have a corresponding layout. --ar 3:2”，中文翻译为“建筑透视效果图，某诊所的建筑平面，包括医生办公室、病房、药房、诊所和其他建筑空间，每个空间都应该有相应的布局”，生成的画面如图10-10所示。

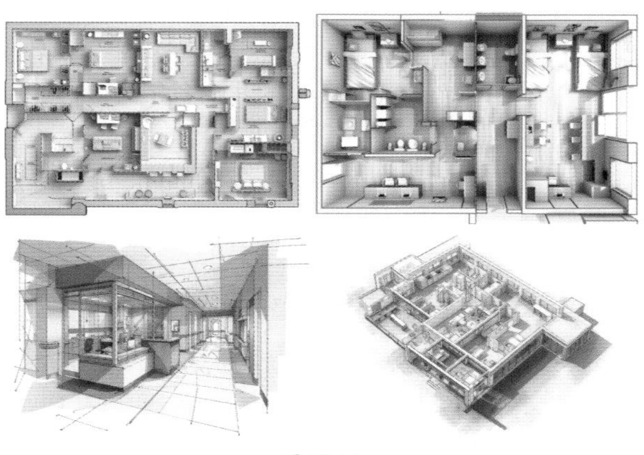

图 10-10

输入英文提示词“A perspective view of a one-story villa drawn by AutoCAD, including bedrooms, living rooms, bathrooms, kitchens and other architectural spaces. Each space has specific furniture. --ar 3:2”，生成乡村别墅一层的三维透视图，如图10-11所示。

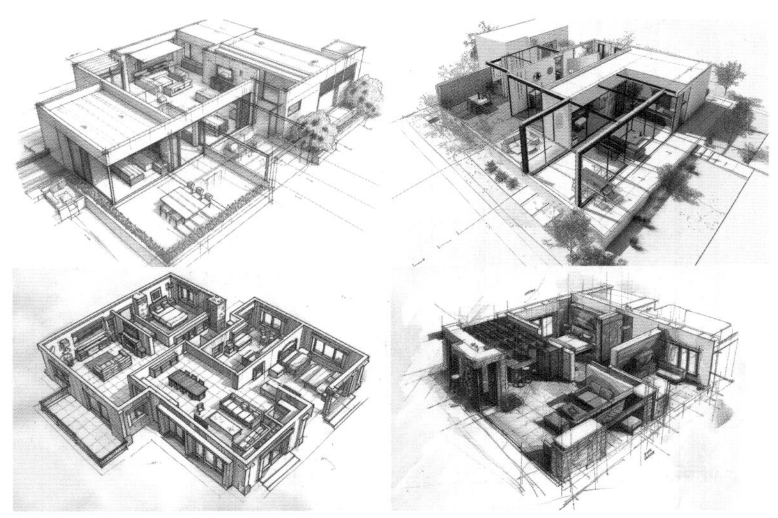

图10-11

10.2 建筑外形设计

借助Midjourney可以生成非常好的建筑造型设计图，或者说建筑外形设计图。

10.2.1 建筑设计提示词组合

提示词公式：项目类型+流派/风格+外墙材质+其他具体描述+视角+建筑师姓名。

常用的建筑师姓名：贝聿铭（I.M. Pei）、约翰•乌松（John Utzon）、扎哈•哈迪德（Zaha Hadid）、卡拉特拉瓦（Calatrava）。

其他具体描述：材质、C4D渲染、辛烷渲染等。

视角：鸟瞰图、航拍视角等。

10.2.2 主要建筑流派

下面介绍当前几种主要建筑流派的特点以及画面。

哥特式建筑：以宗教建筑居多，主要的特点是有高耸的尖塔、丰富的装饰；整体风格为高耸削瘦，以卓越的建筑外形表现神秘、崇高，对后世其他建筑风格有重大影响。

输入英文提示词“Gothic architecture --ar 3:2”，生成的画面如图10-12所示。

图 10-12

巴洛克式建筑：外形自由，追求动态，有富丽的装饰和雕刻物、艳丽的色彩，有穿插的曲面和椭圆形空间。这是讲究奢华的一种建筑风格，即使过于烦琐也要刻意追求。

输入英文提示词“Baroque architecture --ar 3:2”，生成的画面如图 10-13 所示。

图 10-13

中国传统古建筑：中国传统古建筑是中国历史悠久的传统文化和民族特色的直观体现，从这个角度来说，中国传统古建筑的风格非常多样化，宫殿、坛庙、寺观、佛塔、民居和园林建筑等各有差别。但整体来说，中国传统古建筑多以木材、砖瓦为主要建筑材料，以木构架为主要的结构方式，具有一种简明的组织规律，规划严整，造型优美，装饰丰富多彩，特别注意跟周围自然环境的协调。

输入英文提示词“Chinese traditional ancient architecture --ar 3:2”，生成的画面如图 10-14 所示。

图 10-14

洛可可式建筑：巴洛克式建筑风格的延伸，其主要特点是大量运用半抽象题材的装饰，并具有华丽精巧、纷繁琐细的特点。

输入英文提示词“Rococo architectural appearance, wide angle --ar 3:2”，生成的画面如图 10-15 所示。

图 10-15

罗马风格建筑：多见于修道院和教堂，给人以雄浑、庄重的印象，对后来的哥特式建筑风格影响非常大，但也有明显区别。罗马风格建筑的设计与建造都以拱顶为主，以石头的曲线结构来覆盖空间；另外，罗马风格建筑的装饰相较哥特式建筑，要简单粗陋很多。

输入英文提示词“Roman style building exterior --ar 3:2”，生成的画面如图 10-16 所示。

图 10-16

10.2.3 园林景观设计

在城市设计中，我们经常要涉及一些沿河公园或是街角公园的设计。

下面来看这个园林景观设计的案例，因为没有太多头绪，所以首先直接用非常简单的提示词来生成初步的画面。

输入英文提示词“Riverside park design, green trees and mist steaming from the river --ar 3:2”，中文翻译为“河滨公园设计，绿树成荫，河水蒸腾的薄雾”，生成的画面如图 10-17 所示。

图 10-17

可以看到生成的画面中没有路面，也没有路灯或花坛等装饰，相对来说比较原始，缺少设计感。

这时增加砖石路、复古设计的路灯等提示词，输入英文提示词“Riverside park design,

with shady trees, cobblestone paving, retro-designed street lights, and mist steaming from the river --ar 3:2”，生成的画面如图10-18所示。可以看到路面效果变好，并且出现了一些路灯。

图10-18

在之前的设计中，画面色调是偏冷的，绿色居多，因此我们增加“花坛”提示词。输入英文提示词“The design of the riverside park is lined with green trees, paved with stones and cement, there are long flower beds on the roadside, the street lamps are of retro design, and there is mist steaming from the river --ar 3:2”，最终呈现出一种色彩层次更丰富的画面，如图10-19所示。这样就实现了一种比较理想的沿河公园的园林景观设计。

图10-19

10.2.4 办公大楼外形设计

一般的办公大楼外形设计是非常简单的，我们只要设定好办公大楼所处的位置，以及具体的要求和视角，很快就可以得到各种各样比较理想的设计方案。

输入英文提示词“The appearance design of the office building in the science and technology park, full of futuristic technology, organically integrated with green plants, aerial view, octane rendering --ar 3:2”，中文翻译为“科技园办公楼外观设计，充满未来科技气息，与绿色植物融合，鸟瞰图，辛烷渲染”，生成的画面如图10-20所示。

图 10-20

10.2.5 工厂整体外形设计

与办公大楼的外形设计相似，这里呈现的是一座汽车工厂的外形，我们首先要确定这座工厂所处的位置是在科技园中，之后进行具体的描述，例如是否要包括办公区、生产车间，再限定视角。另外，还要确定是否有节能环保的要求，是否要具有科技感，是否要配套比较发达的交通网络。最终就可以得到我们想要的外形设计效果。如果对效果不满意，那么可以不断刷新，直到得到想要的效果。

输入英文提示词“Automobile factory design in science and technology park, with office area and production workshop, full of futuristic technology, supporting open road, bird's eye view, octane rendering --ar 3:2”，中文翻译为“科技园汽车工厂设计，设有办公区和生产车间，充满未来科技感，配套开放道路，鸟瞰视角，辛烷渲染”，生成的画面如图10-21所示。

图 10-21

10.2.6 居民独栋别墅设计

正如之前所说，我们独立完成的更多的是一些居民楼或自建房的设计等，这些都可以借助Midjourney来实现的。

下面这个案例呈现的是独栋别墅设计图。设计要求是别墅位于村庄的中心，它有3层木质结构，现代简约风格，前后各有一个院子，院子里有草坪和花坛。

输入英文提示词“The villa design is located in the center of the village. It has a total of 3 floors. It has a wooden structure and a modern minimalist style. It has a yard at the front and rear, with lawns and flower beds in the yard --ar 3:2”，中文翻译为“别墅设计位于村庄的中心，它共有3层且为木质结构，现代简约风格。 它前后各有一个院子，院子里有草坪和花坛”，生成的画面如图10-22所示。

图10-22

这里想要生成北方比较寒冷地区的别墅设计，不要非常大的落地窗，所以在提示词中加入了“不要大的玻璃落地窗”。输入英文提示词“The appearance design of the villa located in the center of the village has a total of 3 floors. It has a wooden structure and a design that does not require floor-to-ceiling windows. It has a modern and simple style, with a yard at the front and rear. There are lawns and flower beds in the yard, and a variety of flowers --ar 3:2”，生成的画面如图10-23所示。此时，整体的画面效果还可以，但是场景中出现了一些南方特有的绿色植物。

在提示词中加入“中国北方地区”这样的提示词，输入英文提示词“The appearance design of the villa located in the center of the village has a total of 3 floors. It has a wooden structure and is in northern China. It has a modern and simple style. It has a yard at the front and rear. There are lawns and flower beds in the yard and a variety of flowers --ar 3:2”，这样就得

到了另外一种效果，如图10-24所示。可以看到，这时场景中的植物就比较符合北方地区的特色了。

图 10-23

图 10-24

10.2.7 博物馆类建筑外形设计

下面来看一些造型比较特殊的建筑设计。

比如说要设计一座位于市中心的博物馆，那么我们只要将需求输进去就可以了。博物馆、纪念馆等建筑，可能需要更好的设计感，因此在设计时我们可以加入一些比较著名的设计师的名字，用其作为提示词。

输入英文提示词“The museum in the middle of the city is both modern and traditional Chinese style, I.M. Pei --ar 3:2”，中文翻译为“位于市中心的博物馆既现代又具有中国传

统风格，贝聿铭”，生成的画面如图10-25所示。

图10-25

10.2.8 学校教学楼设计

再来看另外一个应用场景——一所中学的教学楼设计。我们输入教学楼设计的重点要求，并限定了设计师名字，可以看到生成了一种有未来科技感的楼房设计。

输入英文提示词“Located in the suburbs of the city, the main teaching building of a high school has 4 floors, modern, technological, simple, environmentally friendly, healthy, Zaha Hadid --ar 3:2”，中文翻译为“位于城市郊区的一所高中主教学楼有4层，现代、科技、简约、环保、健康，扎哈·哈迪德”，生成的画面如图10-26所示。

图10-26

这与我们心目的中学教学楼格调并不太相符，所以我们通过翻阅设计师的设计风格，最终限定一位日本设计师的风格，这样生成的教学楼看起来会更符合要求，既有设计感，又比较符合中学教育的一些特点，最终得到了比较好的效果。

输入英文提示词“Located in the suburbs of the city, the main teaching building of a high school has 4 floors, modern, simple, environmentally friendly, healthy, Tadao Ando --ar 3:2”，生成的画面如图10-27所示。

图 10-27

10.3 logo设计

10.3.1 logo设计的要点分析

logo提示词公式：主体+类型+设计师+要求及常用提示词+去掉照片细节阴影。

主体：公司/机构、兴趣小组/俱乐部/游戏公会等。

类型：字母、动物/吉祥物、矢量线条、渐变色，以及其他主题元素。

设计师：

- Saul Bass——Vertigo电影海报的设计师；
- Massimo Vignelli——纽约市地铁地图的设计师；
- Rob Janoff——Apple标志的设计师；
- Sagi Haviv——美国网球公开赛和国家地理标志的设计师；
- Ivan Chermayeff——Chase和Pan Am徽标的设计师；
- Steff Geissbuhler——NBC和时代华纳有线徽标的设计师。

要求及常用提示词：特殊要求有拟人、拟物、特殊含义等；提示词有2D、线条、矢量、几何、渐变；加上白色背景或黑色背景这样的提示词，可以确保在后期编辑所生图时，抠图比较容易。

去掉阴影细节：--no realistic photo detail shading。

10.3.2 字母logo设计

输入英文提示词“Design a logo based on LNK and incorporate visual elements --ar 3:2”，中文翻译为“基于LNK设计徽标并融入视觉元素”。可以看到生成的图片中出现了人物、动物头像，以及风景图，带有简单的logo效果，如图10-28所示。

图 10-28

很明显，这种效果不够理想，不符合我们的预期。这是因为提示词过于简单，而且没有设定合理的提示词。

接下来规范提示词，加入“线状logo”这样的提示词“Design a line-like logo, including subtitles LNK --ar 3:2”，再次进行生成，这样画面效果好了很多，如图10-29所示，出现了一些线状的结构，并且有一些简单的图案，但依然混有比较奇怪的背景。

再次修改提示词，加入“2D”这样的提示词进行限定：“Design a logo, 2D, line drawing based on LNK --ar 3:2”。此时可以看到设计出的logo越来越规范，不再有像素图片效果，出现的更多是类似于结构和logo的图片，但是这些图片中出现的logo上，依然有一些比较复杂的纹理和阴影，如图10-30所示。

继续添加“没有阴影、细节”这样的限定：“A cultural company uses the letters XYQZ as its logo, 2D, --no shading detail realistic color --ar 3:2”。这样设计出的logo效果会变得更好，如图10-31所示。

图 10-29

图 10-30

图 10-31

经过之前的处理我们发现，如果以多个字母组合为基础进行logo设计，生成的logo效果往往不够理想，所以我们将多个英文字母改为单个英文字母，并且保持之前的取消阴影、细节等限定，此时设计出的logo更像一种比较专业的设计。输入英文提示词“A cultural company uses the letters X as its logo, 2D, --no shading detail realistic color --ar 3:2”，生成的画面如图10-32所示。

图 10-32

接下来在原有提示词的基础上加入设计师风格。具体输入时有多种选择，我们可以直接输入设计师的名字或风格，生成的logo效果会更好，会带有该设计师的某种设计风格。输入英文提示词“A cultural company uses the letters X as its logo, 2D, Sagi Haviv, --no shading detail realistic color --ar 3:2”，生成的画面如图10-33所示。

图 10-33

继续进行提示词的修改，修改设计师风格，会得到另外一组初始网格图片。输入英文提示词“A cultural company uses the letters X as its logo, 2D, Steff Geissbuhler --no shading detail realistic color --ar 3:2”，生成的画面如图10-34所示。

图10-34

我们在之前提示词的基础上加入“几何”“矢量”等提示词，换一位设计师，会得到另外一组初始风格图片。输入英文提示词“A cultural company uses the letters X as its logo, 2D, geometry, Vector, Sagi Haviv, --no shading detail realistic color --ar 3:2”，生成的画面如图10-35所示。此时可以看到，logo的图案效果更好了。

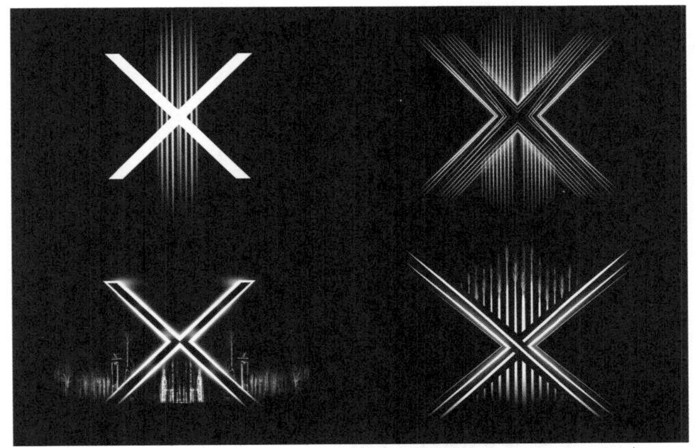

图10-35

不断进行刷新，我们可以很快得到想要的效果。

10.3.3 动物logo设计

前面讲解的是以字母为基础进行logo的设计，实际上我们也可以以动物图案为基础进行logo设计。

这里以一只狐狸的图案为基础进行logo设计。输入英文提示词“Flat vector logo of fox, minimal graphic, symbolizing intelligence, wisdom and cuteness, designed by Paul Rand --no realistic photo detail shading --ar 3:2”，中文翻译为“狐狸的平面矢量标志，极简图形，象征着聪明、智慧和可爱，模仿保罗·兰德设计，没有逼真的照片细节阴影”，得到初始网格图片，如图10-36所示，可以看到效果还是不错的。

图 10-36

接下来修改logo的描述信息以及设计师风格，会得到另外一组logo。输入英文提示词“Flat vector logo of fox, minimal graphic, symbolizing intelligence, wisdom, designed by Rob Janoff --no realistic photo detail shading --ar 3:2”，生成的画面如图10-37所示。

图 10-37

10.3.4 动物与字母结合的logo设计

下面我们可以尝试以英文字母和动物两者结合为基础来设计logo，这里以字母Q和狐狸图案为基础进行设计。

输入英文提示词"Film and television company, logo combining letter Q and fox, 2D, vector, simple --no realistic photo detail shading --ar 3:2"，中文翻译为"影视公司的logo，字母Q与狐狸结合，2D，矢量，简约，无真实照片细节阴影"，生成的画面如图10-38所示。

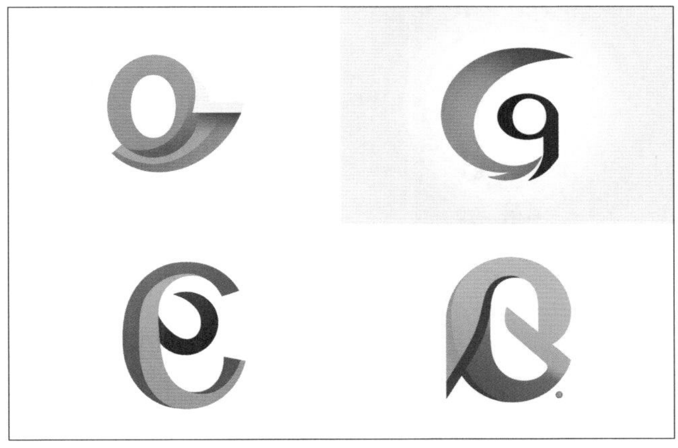

图10-38

对字母Q和狐狸进行一些限定，比如说用"聪明的狐狸"等进行限定，会得到另外一组logo。输入英文提示词"Film and television company, logo combining letter Q and a clever fox, 2D, vector, simple --no shadow realistic photo detail shading --ar 3:2"，生成的画面如图10-39所示。

图10-39

加入设计师的名字，可以得到另外一组logo。输入英文提示词"Film and television company, logo combining letter Q and a clever fox, 2D, vector, simple, designed by Sagi Haviv

--no shadow realistic photo detail shading --ar 3:2”，生成的画面如图 10-40 所示。

图 10-40

10.3.5 借助 :: 优化 logo 设计效果

我们还可以借助 :: 参数对字母和另外一种对象的比例进行限定，通过这种比例限定，改变它们在提示词当中的比重，从而得到更好的效果。

比如说这里我们让字母 Q 占 100 的比例，让聪明的狐狸占 2 的权重。输入英文提示词“Film and television company, logo combining letter Q::100 and a clever fox::2, 2D, vector, simple, designed by Sagi Haviv --no shadow realistic photo detail shading --ar 3:2”，可以看到最终生成的 logo 中狐狸的信息就比较少，更多体现的是字母 Q，如图 10-41 所示。

图 10-41

我们将字母的比重改为 6，狐狸的比重改为 3，在最终生成的 logo 中，狐狸的信息就会得到更多的体现。输入英文提示词“Film and television company, logo combining letter

Q::6 and a clever fox::3 , 2D, vector, simple, designed by Sagi Haviv --no shadow realistic photo detail shading --ar 3:2”，生成的画面如图10-42所示。

图10-42

在实际处理时，用户还可以对这一比重进行更多的调整和尝试，最终得到自己想要的效果。

10.4 UI设计

本节所讲的UI是User Interface（用户界面）的简称，是指对软件界面的整体设计。

下面来看一家面包店的UI设计。当前，这个UI设计针对的是计算机用户，所以更适合使用3∶2、16∶9这一类宽高比。在提示词中我们还进行了配色的限定，这里设定的是与一般面包的色彩相近的配色，最后就可以得到比较理想的UI设计效果。输入英文提示词“UI design for a bakery, for computer web display, color scheme adjacent to bread, HD quality --ar 3:2”，中文翻译为“面包店的UI设计，用于计算机显示，与面包相邻的配色方案，高清质量”，生成的画面如图10-43所示。

接下来针对移动端进行面包店的UI设计。我们设定了mobile app这样的提示词进行限定，对于界面的配色也进行了设置，最后得到了一种偏绿色的手机端的UI设计。输入英文提示词“UI design for a bakery, for mobile app, Green, pure and natural, HD quality --ar 1:2”，生成的画面如图10-44所示。

再来看一家服装店的UI设计，我们加入了“西方模特”这一提示词。输入英文提示词“UI design for clothing store, western models, women's clothing, fashion style --ar 2:3”，生成的画面如图10-45所示。

图 10-43

这里限定的是女孩的风格，所以出现的模特以及人物服装都偏年轻一些。输入英文提示词“Clothing store UI design, western models, women's clothing, girly style --ar 2:3”，生成的画面如图 10-46 所示。

图 10-44

图 10-45

图 10-46

10.5 包装设计

提示词公式：包装设计+包装产品+包装材料+包装形式+画面描述+设计风格。

10.5.1 包装设计要点

下面我们尝试设计一款糖果包装。

输入英文提示词“Packaging design, candy packaging, thick plastic bottle packaging, various candy patterns, healthy, environmentally friendly, and cute packaging styles --ar 1:1”，中文翻译为“包装设计，糖果包装，厚塑料瓶包装，各种糖果图案，健康、环保、可爱的包装风格”，生成的画面如图10-47所示。

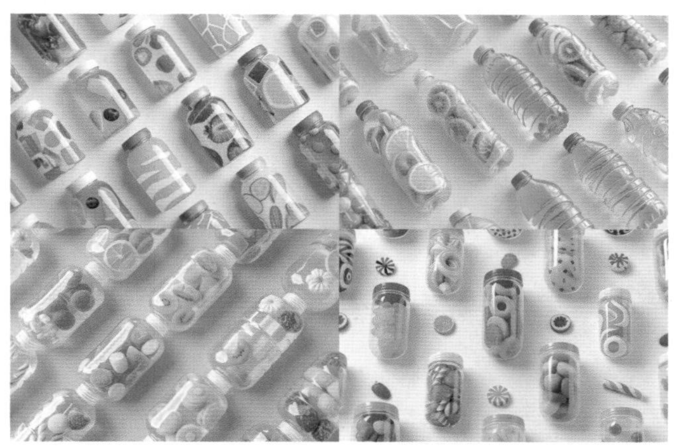

图10-47

对之前的提示词进行修改，比如限定塑料材质、有各种各样的糖果图案，得到的画面效果会更好。输入英文提示词“Packaging design, candy packaging, plastic jars, wrapped candy patterns, healthy and environmentally friendly style --ar 3:2”，生成的画面如图10-48所示。

图10-48

增加“流线型的设计”这一提示词，可以确保生成的包装的线条更平滑和流畅。输入英文提示词“Packaging design, candy packaging, plastic jars, aerodynamic design, wrapped candy patterns, healthy and environmentally friendly style --ar 1:1”，生成的画面如图 10-49 所示。

图 10-49

接下来我们设计一款牛奶盒的包装。输入英文提示词“Packaging design, milk, carton packaging, prairie pasture theme, green and healthy --ar 1:1”，中文翻译为“包装设计，牛奶，纸盒包装，草原牧场主题，绿色健康”，生成的画面如图 10-50 所示。

对提示词进行修改，将纸盒包装改为金属包装，并且设定北欧风格，最后得到另外一组牛奶盒包装的图片。输入英文提示词“Packaging design, milk powder, metal material, ranch theme label, green and healthy, Nordic style --ar 1:1”，生成的画面如图 10-51 所示。

图 10-50

图 10-51

最后我们设计一种纸巾包装。输入英文提示词“Packaging design, paper towel, plastic bag, rectangle, green and healthy --ar 1:1”，中文翻译为“包装设计，纸巾，塑料袋，长方

形，绿色健康”，生成的画面如图10-52所示。

图10-52

10.5.2 KV主图设计

实际上，在包装设计当中还有一种效果图，称为KV（Key Visual）主图，即关键视觉主图，由于Midjourney中对KV这两个英文字母的识别不是那么准确，所以我们往往可以使用“海报设计”这个提示词来替代KV主图设计，从而得到更好的效果。

输入英文提示词“Poster design, candy packaging, plastic jars, wrapped candy patterns, healthy and environmentally friendly style, background is a blurred playground,UHD --ar 3:2”，中文翻译为“海报设计，糖果包装，塑料罐，包裹糖果图案，健康环保风格，背景是模糊的游乐场，超高清”。可以看到，我们添加海报设计提示词之后，生成的是一种带有背景的、表现力更强的包装设计图片，如图10-53所示。

图10-53

注意，在真正的平面设计中，海报设计与KV主图设计并不相同，我们只是在Midjourney中使用海报设计替代无法很好被识别的KV主图设计。

接下来我们换一种题材来学习用Midjourney设计产品包装的技巧。输入牛奶包装设计的相关提示词，之后添加“海报设计”，得到的是一组带有环境感的牛奶包装设计图。输入英文提示词“Poster design, milk powder, metal bucket, ranch theme label, green and healthy, Nordic style, background is a blurred sprint competition scene --ar 3:2”，中文翻译为“海报设计，奶粉，金属桶，牧场主题标签，绿色健康，北欧风格，背景是模糊的短跑比赛场景”，生成的画面如图10-54所示。

图10-54

下面设计一组精油的KV主图。输入英文提示词“Poster design, essential oils, plastic bottles, plant labels, green and healthy, the background is a simple, comfortable and warm living room --ar 3:2”，中文翻译为“海报设计，精油，塑料瓶，植物标签，绿色健康，背景是简约、舒适、温馨的客厅”，生成的画面如图10-55所示。

图10-55

10.6 服装设计

10.6.1 服装设计提示词分析

服装设计是比较麻烦的，因为服装的分类比较复杂，有衬衣、卫衣、裤子、裙子等类别，每种类别的服装又可以进行更为具体的分类。在进行设计时，需要对这些类别和名称都有大致的认识，这样才能更好地撰写提示词。如果对长度、版型、面料等不熟悉，就要先确定自己想要的效果，再去撰写提示词。

以裙子为例，实际上就有多种分类方式：按长度分类，可以分为长裙、中长裙、短裙；

按版型分类，可以分为紧身裙、修身裙、宽松裙；按裙摆元素分类，可以分为百褶裙、波浪裙、A字裙、直筒裙等；按面料分类，可以分为棉质裙、丝绸裙、雪纺裙等。

再比如卫衣，也有多种分类方式：按照领口的设计分类，可以分为圆领卫衣、半高领卫衣、连帽卫衣；按照长度的不同，可以分为短款卫衣、中长款卫衣、长款卫衣；按照版型的不同，可以分为套头卫衣和开衫卫衣；按照图案的不同，可以分为纯色卫衣、渐变色卫衣、刺绣卫衣、印花卫衣等。

对于服装的风格，可选择的余地也比较多，我们可以用常见的品牌去定义所设计服装的风格，也可以用某些知名设计师去定义。例如，常见的服装风格有优衣库、阿迪达斯、耐克等。

10.6.2 服装设计效果

这里要表现一种有中国传统图案的长裙设计效果。输入英文提示词“Costume design, silk material, tight long skirt, traditional Chinese style pattern, skirt with high slit --ar 1:1”，中文翻译为“服装设计，丝绸材质，紧身长裙，中国传统图案，高开衩裙”，生成的画面如图10-56所示。

输入英文提示词“Clothing design, hooded sweatshirt, mid-length style, English alphabet theme label, dark gray --ar 1:1”，中文翻译为“服装设计，连帽卫衣，中长款，英文字母主题标签，深灰色”，生成的画面如图10-57所示。这是一种中长款连帽卫衣的服装设计效果。

图10-56

图10-57

10.7 鞋类产品设计

10.7.1 鞋类产品设计提示词组合

鞋类产品设计与服装设计是有些相似的。由于鞋类产品分类方式众多，所以需要用户自行去查询和确定想要的产品类型、风格、材质等，之后直接套用常见的提示词公式生图就可以了。

提示词公式：鞋子设计+种类（运动、休闲、跑步、登山、皮鞋、商务）+风格（阿迪达斯、耐克、哥伦比亚、北面、狼爪）+材质+其他描述词（如蝴蝶结设计、平底、浅口等）。

10.7.2 鞋类产品设计要点

下面我们来设计一种高帮登山鞋。

提示词由简单到复杂，逐渐加入更丰富和精准的提示词，从而得到我们想要的效果。输入英文提示词“Shoe design, high-top hiking boots, brown and dark gray color --ar 1:1”，中文翻译为“鞋子设计，高帮登山靴，棕色和深灰色”，生成的画面如图10-58所示。首先是简单的“高帮登山鞋”这一提示词，并限定了颜色，可以看到快速生成了设计效果。

在提示词中添加针织物的材质限定，最后得到的高帮鞋会发生较大变化，特别是鞋表面的材料和质感。输入英文提示词“Shoe design, high-top hiking boots, brown and dark grey, Colombian style, knitted and leather combination fabric --ar 1:1”，生成的画面如图10-59所示。

图 10-58

图 10-59

加入“北面风格”这一提示词，在配色方面与之前的提示词保持一致，可以得到另外一组效果。输入英文提示词“Shoe design, high-top hiking boots, north face style, brown and dark gray color --ar 1:1”，生成的画面如图10-60所示。可以看到，有的图片中出现了北面的商标。在实际运用当中，我们可以对这种商标进行后期处理，将其修掉或是替换，从而实现我们想要的设计效果。因为我们想要模仿它的风格，它的logo我们一般是不需要的。

之后我们进行刷新，得到另外一组图片，如图10-61所示。

图10-60　　图10-61

接下来我们可以使用浅口、蝴蝶结、软皮材质等提示词生成女鞋的图片。输入英文提示词“Shoe design, shallow-mouthed women's shoes, bow tie, soft leather material, dark blue --ar 1:1”，中文翻译为“鞋子设计，浅口女鞋，蝴蝶结，软皮材质，深蓝色”，生成的画面如图10-62所示。

图10-62

输入英文提示词“yellow martin boots --ar 1:1”，中文翻译为“黄色马丁靴”，生成的画面如图10-63所示。这是黄色马丁靴的设计图片。

输入英文提示词“casual shoes --ar 1:1”，中文翻译为“帆布鞋”，生成的画面如图10-64所示。这是帆布鞋的设计图片。

图10-63　　图10-64

10.8 电子产品设计

借助Midjourney，用户可以对一些电子产品进行造型设计，这往往能够得到比较专业的效果。

需要注意的是，电子产品的时效性相对来说比较强，更新换代很快。借助Midjourney生成电子产品图片时，即便我们限定了一些提示词，但在某些细节上，可能无法跟上当前主流的设计。

类似于手机这种产品，使用Midjourney设计的图片，摄像头造型、指纹锁设计等可能还是几年前的设计思路。

比如说要设计一款手机的外形，使用的是华为手机的风格，输入英文提示词“Mobile phone appearance design, curved screen, black, Huawei mobile phone design style --ar 1:1”，可以看到，设计出的手机整体效果还不错，如图10-65所示。

之后，我们还可以换一组提示词进行再次生成，输入英文提示词“Mobile phone appearance design, curved screen, black, Huawei mobile phone design style, rear view --ar 1:1”，生成的画面如图10-66所示。

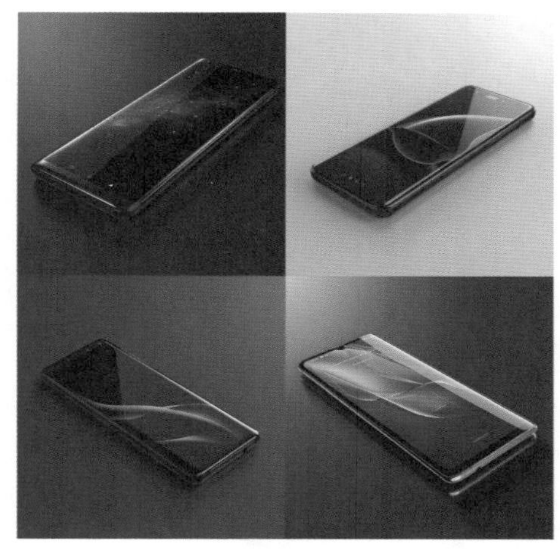

图 10-65

图 10-66

对于一些时效性不那么强、更新换代不那么快的电子产品，比如小型音箱，使用Midjourney设计则更容易得到比较好的效果。输入英文提示词“Speaker design, cylindrical shape, bird's-eye view, black, glossy --ar 1:1”，生成的画面如图10-67所示。

图 10-67

10.9 首饰设计

10.9.1 首饰设计提示词组合

提示词公式：首饰设计+材质+主题标签（拟物、神话人物、字母）+品牌风格/设计师风格+其他描述词。

常见产品：手链、项链、耳环、手镯、戒指、胸针、挂坠/吊坠、发簪、其他头饰。

常见品牌：海瑞温斯顿、宝诗龙、梵克雅宝、卡地亚、伯爵、萧邦、麒麟、宝格丽、蒂芙尼、尚美巴黎、范思哲、施华洛世奇、香奈儿、迪奥。

常见材质：金、银、珍珠、钻石、贵金属、玉石（各种玉材质）、矿物（祖母绿、玛瑙等）、植物（菩提子等）。

常见设计师：沃尔夫斯・弗赖斯、皮埃尔・斯特雷、保罗・勃兰特、亨利・瓦沃、鲁贝尔・弗雷雷斯、雷蒙德・坦皮耶、拉克洛什・弗雷雷斯等、唐纳德・克拉夫林、阿尔多・西普洛、苏珊娜・贝佩隆。

模特（可选）：--no model。

10.9.2 常见首饰材质

下面来看常见的首饰材质，以及具体的画面效果。

输入英文提示词“Gold jewelry --ar 3:2”，生成的画面如图 10-68 所示。这是黄金材质的首饰。

图 10-68

输入英文提示词“Jade bracelet, with faint texture inside, light green --ar 1:1”，生成的画面如图 10-69 所示。这是翡翠材质的首饰。

图 10-69

输入英文提示词“bodhi seed jewelry --ar 3:2”，生成的画面如图10-70所示。这是菩提子材质的手链。

图 10-70

输入英文提示词“Rudraksha bracelet --ar 3:2”，生成的画面如图10-71所示。这是金刚菩提子材质的手链。

图 10-71

输入英文提示词“emerald jewelry --ar 3:2”，生成的画面如图10-72所示。这是翡翠材质的首饰。

图 10-72

输入英文提示词“agate jewelry --ar 3:2”，生成的画面如图10-73所示。这是玛瑙材质的首饰。

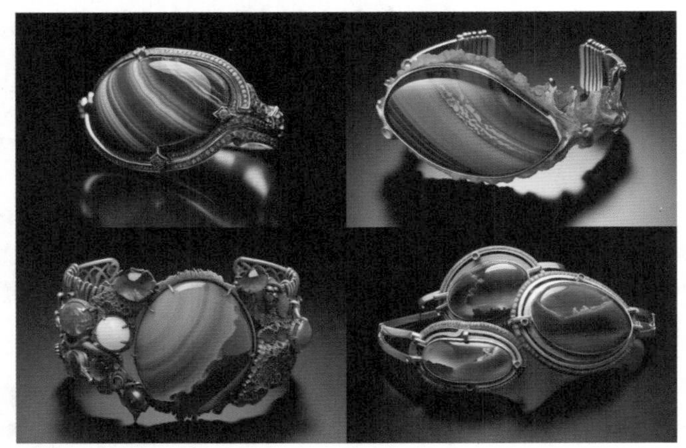

图 10-73

输入英文提示词“Hetian jade jewelry --ar 3:2”，生成的画面如图10-74所示。这是和田玉材质的首饰。

图 10-74

10.9.3 常见首饰设计要点

下面来看首饰设计的提示词撰写技巧。我们直接输入珍珠耳环设计，并带有设计师的名字，就可以生成珍珠耳环图片，它具有明显的设计师风格。

输入英文提示词“Pearl earring design, Harry Winston --ar 3:2”，生成的画面如图10-75所示。

图 10-75

实际上，挂件、项链、手环等的设计可能会更多一些。

下面来设计一款挂件。

输入英文提示词“Obsidian pendant, traditional Chinese mythological character theme label --ar 3:2”，中文翻译为：“黑曜石吊坠，中国传统神话人物主题标签”，生成的画面如图10-76所示。这里要注意，我们输入的是中国传统神话元素的主题标签。主题标签指的就是挂件上的图案，可以看到生成的画面效果是比较符合我们的预期的。

图 10-76

另外，我们还可以限定这种挂件的形状等，比如说限定是圆角或圆形等。

输入英文提示词“Jade pendant, Guanyin Bodhisattva theme label, rounded rectangle, light green --ar 3:2”，中文翻译为“玉吊坠，观音菩萨主题标签，圆角长方形，浅绿色”，生成的画面如图10-77所示。它是一种玉质的挂件，挂件的主题标签是观音菩萨。

图 10-77

下面来设计一种胸针。具体要求是祖母绿材质，整体的形状像小提琴，再输入设计师风格。

输入英文提示词“Brooch design, emerald, by Wolfs Freis, overall shape like a violin, smaller size --ar 3:2”，中文翻译为“胸针设计，祖母绿，沃尔夫斯·弗赖斯设计，整体形状像小提琴，尺寸较小”，生成的画面如图 10-78 所示。经过简单的设定，我们就得到了比较理想的效果。

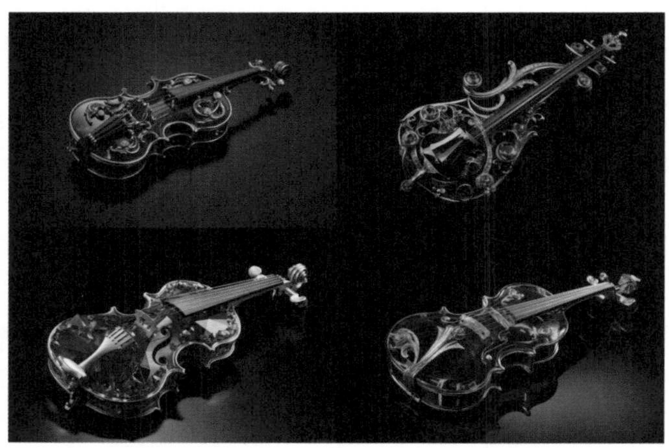

图 10-78

下面再设计一款祖母绿材质的项链，当然也要输入设计师的名字，让设计的项链更具该设计师的风格。

输入英文提示词“Necklace design, emerald, by Wolfs Freis, intricate workmanship design, smaller size --ar 3:2”，中文翻译为“项链设计，祖母绿，由沃尔夫斯·弗赖斯设计，做工

复杂，尺寸较小”，生成的画面如图10-79所示。

图10-79

11

第11章 Midjourney AI换脸应用

在Midjourney中，InsightFaceSwap机器人可以对已有的图片或我们生成的图片进行AI换脸，从而进行一些更具创意性的创作，或是规避关于一些肖像权的争议，非常实用。

本章我们将介绍如何借助Midjourney进行AI换脸。

11.1 添加InsightFaceSwap机器人

11.1.1 搜索并邀请机器人

首先来看如何添加InsightFaceSwap机器人。打开谷歌搜索引擎，输入swapping discord之后按Enter键，如图11-1所示。

图11-1

在打开的网页中，找到图11-2所示的链接。单击该链接可以进入insightface网站界面，在界面中找到Important Links下面的链接，如图11-3所示，单击第一个链接，可以进入机器人添加界面。

图 11-2

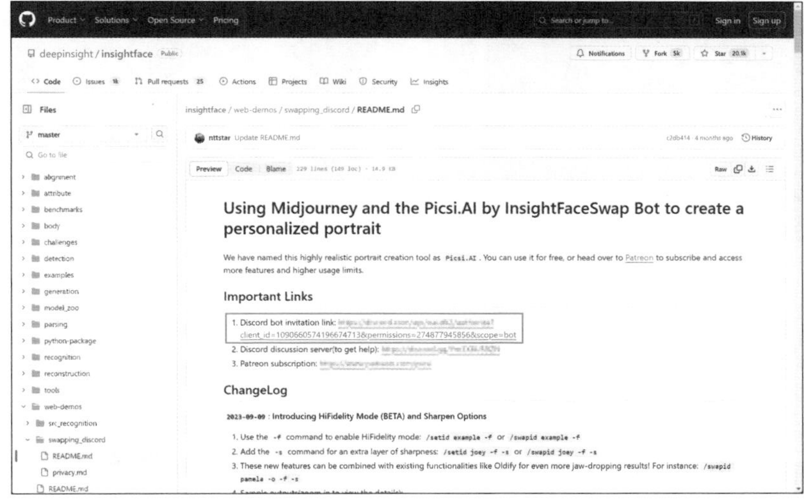

图 11-3

11.1.2 添加机器人的验证操作

此时在打开的界面中，我们可以选择想要将机器人添加到哪一个服务器。这里设定添加到“测试”这个服务器，如图11-4所示。选择“测试”之后单击“继续”按钮，如图11-5所示，这样可以继续进行机器人添加操作。

之后单击“授权”按钮，即我们授权服务器可以添加这个机器人，如图11-6所示。此时系统会要求进行验证，直接勾选“我是人类”这个选项，如图11-7所示。

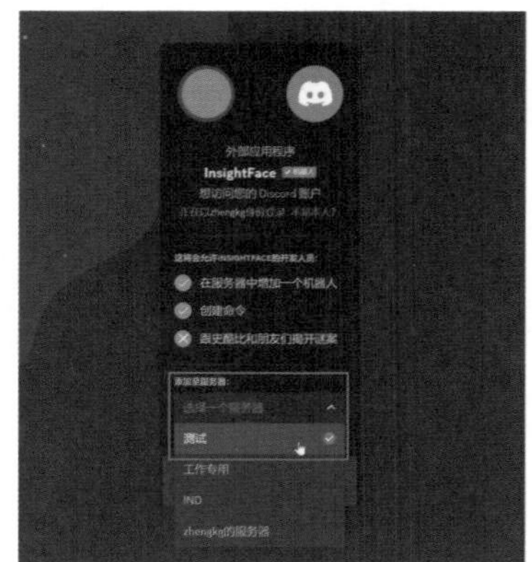

图 11-4

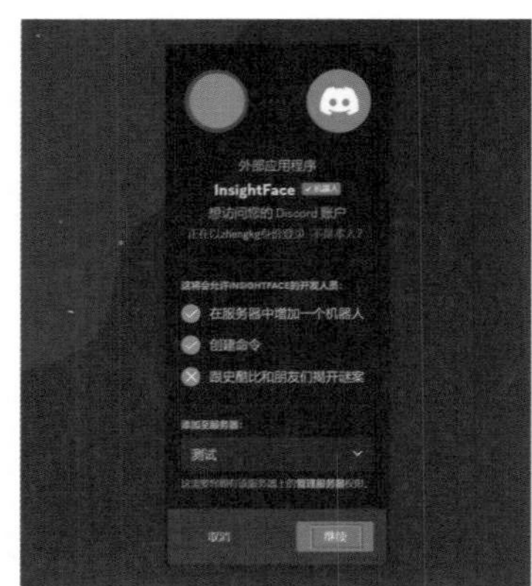

图 11-5

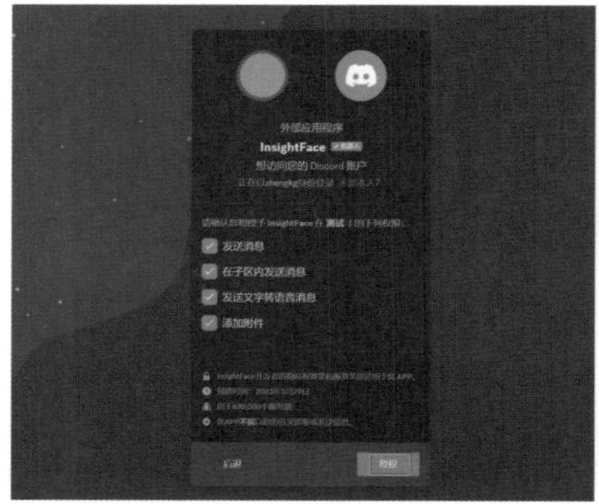

图 11-6

图 11-7

此时会进入验证界面，根据界面上的提示进行操作，这里的提示是“请点击猫鼬的头”，完成操作后单击“下一个”按钮，如图 11-8 所示。之后再次根据提示进行操作，最后单击“检查”按钮，如图 11-9 所示。

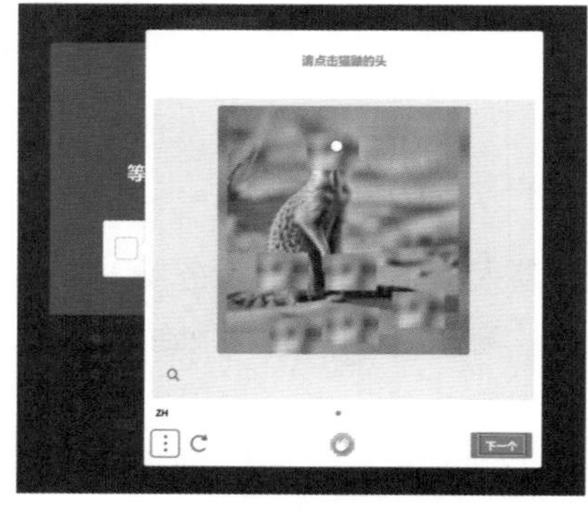

图 11-8

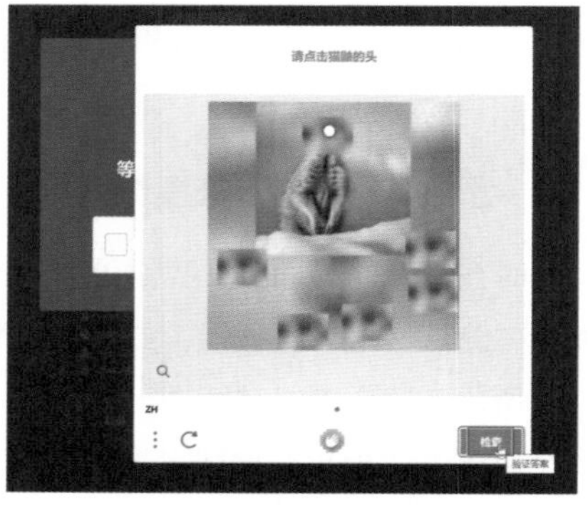

图 11-9

验证成功之后单击“前往测试”按钮，如图11-10所示，也就是回到Discord中的“测试”服务器查看添加的机器人。

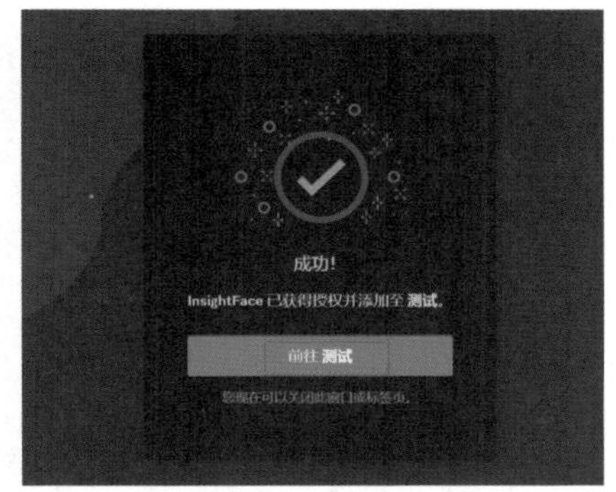

图11-10

11.1.3 查看添加的机器人

打开Discord，切换到“测试”服务器，在服务器下方可以看到“InsightFaceSwap出现了！”这样的提示，而在右侧的成员列表中，可以看到我们添加的“InsightFaceSwap!”机器人，至此我们就成功添加了InsightFaceSwap机器人，如图11-11所示。

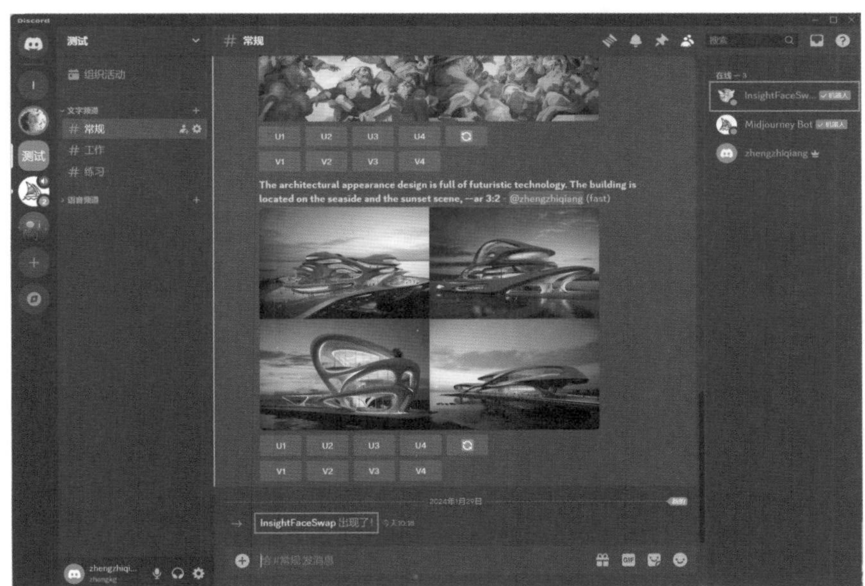

图11-11

11.2 进行InsightFaceSwap AI换脸操作

添加InsightFaceSwap机器人之后，我们就可以进行AI换脸的操作。

在“测试”服务器的对话框中输入/s，会展开以/s开头的系列命令，在其中选择/saveid命令，如图11-12所示。

按Enter键，此时会打开照片上传界面，单击图11-13中的上传图标，可以选择我们要使用的换脸图片。

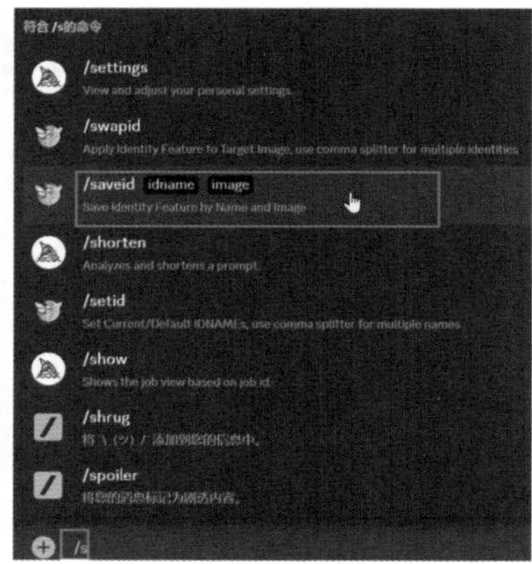

图 11-12

图 11-13

这里上传一张人物图片，如图11-14所示。上传之后在idname后的文本框中输入一个名称，也就是我们要为上传的图片进行命名，因为后续使用这个人物的脸时，需要通过图片的名称调用这张图片。这里输入h1，然后按Enter键，完成图片的上传，如图11-15所示。

图 11-14

图 11-15

上传成功之后，在对话框上方出现idname h1 created的提示，即换脸用的脸的图片已经被创建了，如图11-16所示。

接下来准备上传要换脸的图片。在对话框中输入/s，再次弹出以/s开头的命令，这里选择/swapid命令，如图11-17所示，按Enter键，然后上传我们想要换脸的图片。

此时在idname后的文本框中输入h1，如图11-18所示，即我们要对当前的图片调用之前上传的h1图片的人物面部进行合成。输入h1后按Enter键，这样等待一段时间，就会完成人物的智能换脸，如图11-19所示。

右击换脸完成的图片，在弹出的菜单中选择“保存图片”，如图11-20所示，这样就可以将换脸之后的图片保存下来。

图 11-16

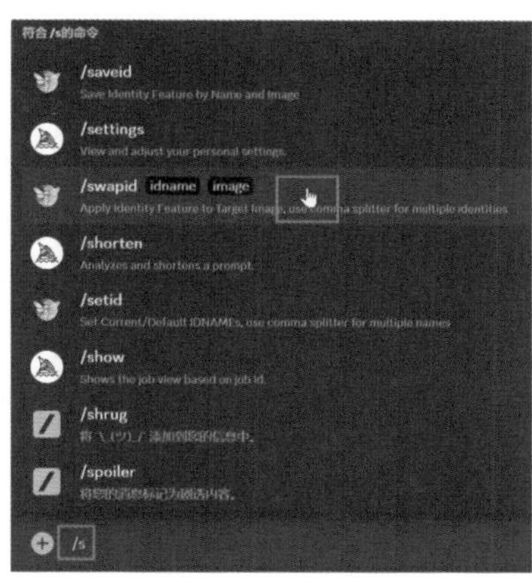

图 11-17

图 11-18

图 11-19

可以看到，换脸后的图片中，场景、人物衣服等使用的是第二张图片的，但人物面部是第一张图片的人物面部，如图11-21所示。当然，换脸之后可能会存在一些脸部瑕疵，或不自然的位置，后续我们可以进行精修。如果换脸的效果已经比较理想，就不用再进行过多处理了。

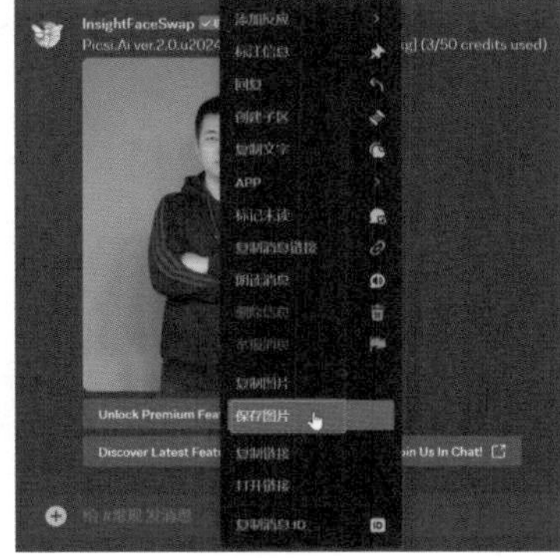

图 11-20

图 11-21

11.3 随心所欲为人物换脸

掌握了InsightFaceSwap机器人的使用方法，之后我们就可以随心所欲地对各种人物图片进行换脸。InsightFaceSwap AI换脸的调整幅度是比较大的，比如说，我们可以用女性人物对男性人物进行换脸等。

例如，现在打开一张女性的图片，如图11-22所示，将其上传并命名为h3。

之后我们再次上传之前使用的图片，并调用h3图片，如图11-23所示，这样就为之前的人物换上了h3图片中这个女性人物的面部，如图11-24所示。

图 11-22

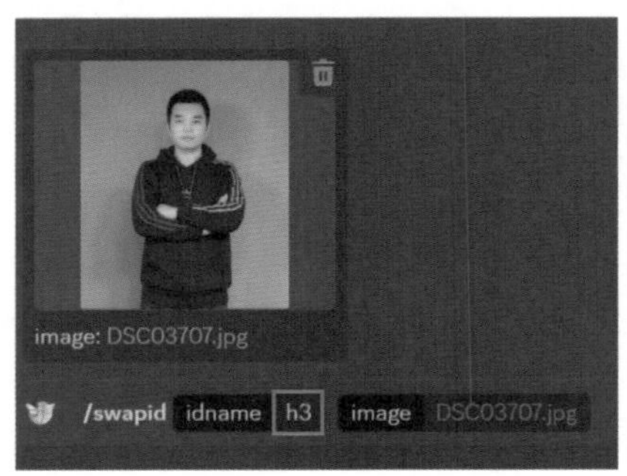

图 11-23

图 11-24

再来看一个例子。当前准备了图11-25和图11-26所示的两张图片，我们准备将第一张图片人物的脸部换到第二张图片的人物面部上。

图 11-25

图 11-26

可以看到换脸之后的效果也是比较自然的，如图11-27所示。

图 11-27

11.4 换脸后的ID管理

进行过多次人工换脸操作之后，Discord服务器中会有大量我们命名过的图片ID，如h1、h2、h3、h4等。如果不进行管理，这些ID会一直存在。如果后续我们再次进行换脸，有可能会产生ID的混乱。所以，我们应该及时清理之前使用过的换脸ID。

11.4.1 删除所有换脸ID

下面看如何删掉之前命名的ID。在对话框中输入/de，会展开以/de开头的命令列表，在列表中单击/delall这条命令，如图11-28所示，然后按Enter键，这样可以在服务器中删除所有之前已经进行过命名的ID，并弹出提示All idnames deleted，表示所有的ID已经被删除了，如图11-29所示。

图 11-28

图 11-29

11.4.2 删除单个换脸ID

如果我们不想删除所有的ID，也可以只删除1个或者几个ID。

具体操作时，在提示词文本框中输入/de，在弹出的命令列表中单击/delid，如图11-30所示，然后在下方的idname后输入要删除的ID，例如输入h1，如图11-31所示。然后按Enter键，可以看到系统提示idname h1 deleted，如图11-32所示，表示删除了h1这个ID。

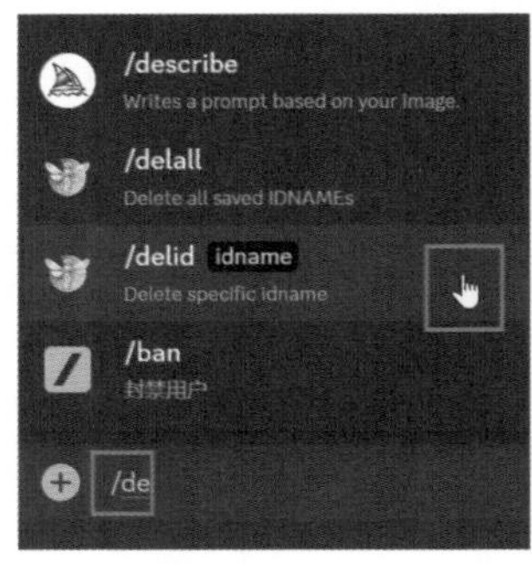

图 11-30

图 11-31

图 11-32

11.4.3 查看所有换脸ID

我们还可以查看之前已经命名的所有ID。

具体操作是在对话框中输入/l，这样会打开以/l开头的大量命令，在其中选择/listid这个命令，如图11-33所示，然后按Enter键，这样系统会返回一个列表，在其中列出了我们曾经进行过命名的、没有删除的ID，如图11-34所示。

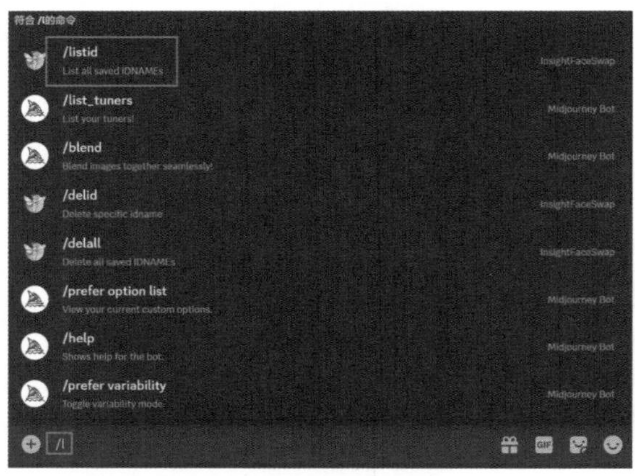

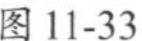
图 11-33

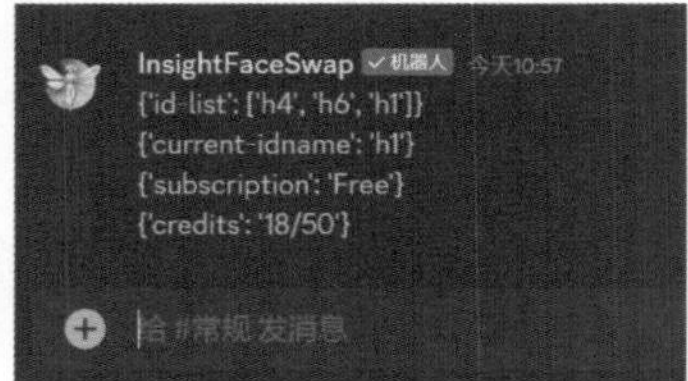

图 11-34

第12章 Midjourney与Photoshop协作应用

使用Midjourney进行AI生图之后，对于某些不够理想的图片，我们可以进行瑕疵的处理，或是二次创作，从而得到更好的图片效果。比如说，我们可以对之前AI换脸生成的图片中存在的瑕疵进行处理，让AI换脸的效果更理想；还可以对生成的图片进行拼接、合成等操作，从而实现更多的应用目的。

12.1 制作无缝拼接的图片

下面来看如何制作无缝拼接的图片。在前文中我们曾经讲过借助--tile命令能够生成一些无缝拼接的图片，这些图片可以用来作为壁纸、地板砖的图案，或是其他的一些纹理。

这里我们提供的是Midjourney生成的一组花卉的图案，如图12-1所示。之后我们放大第2张图片并将其保存下来，如图12-2所示。

图12-1

图12-2

之后打开Photoshop，准备用这张图片在Photoshop中进行无缝拼接。打开Photoshop

后，单击“文件”菜单，选择“新建”命令，如图12-3所示。这样会打开“新建文档”对话框，在对话框的右侧，我们可以设定新建文档的宽度和高度，这里我们分别设定为宽10000像素，高10000像素，之后单击“创建”按钮，如图12-4所示。这样可以在Photoshop中创建一个非常大的空白文档。

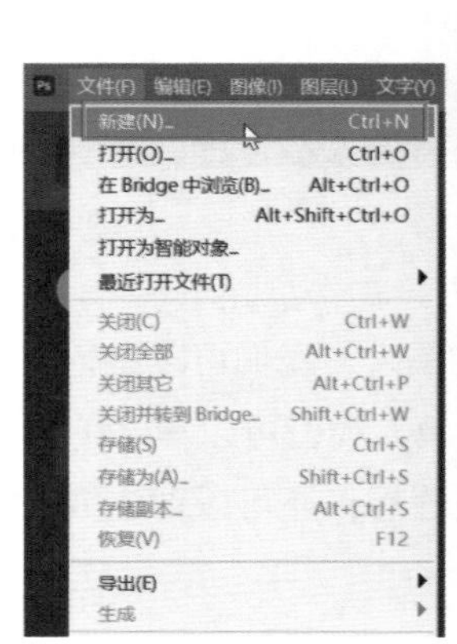

图 12-3

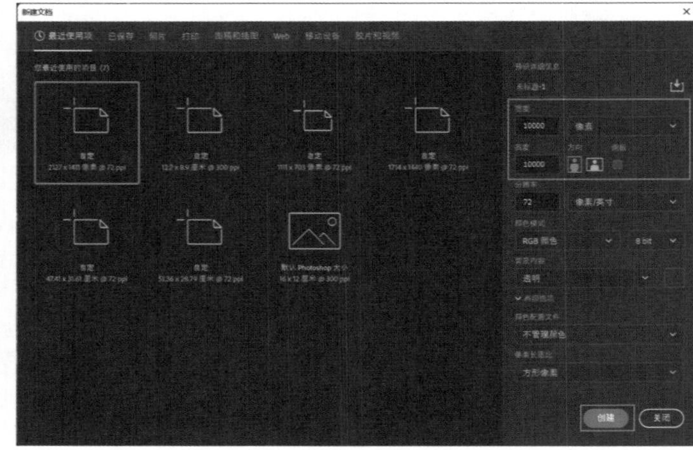

图 12-4

之后将放大的第2张图片拖入Photoshop中打开，如图12-5所示。

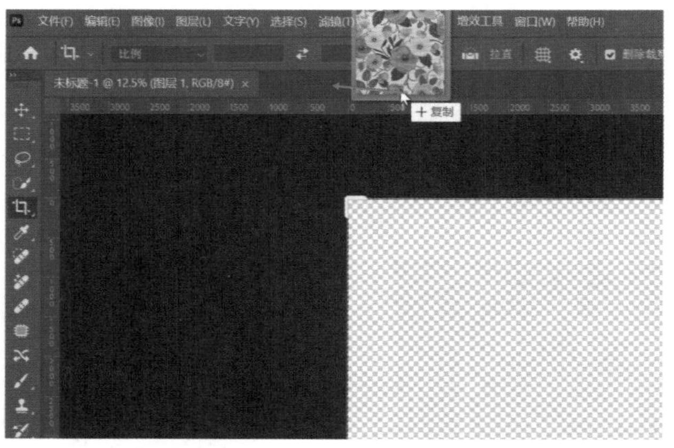

图 12-5

在工具栏中选择移动工具，切换到图案图片，将图案图片向我们创建的空白文档标题上拖动，如图12-6所示。拖动到标题上之后，不要松开鼠标左键，此时会自动切换到我们创建的空白文档，如图12-7所示。然后将图案图片拖动到空白文档上再松开鼠标左键，这样，图案图片就被放到了空白文档上。

图 12-6

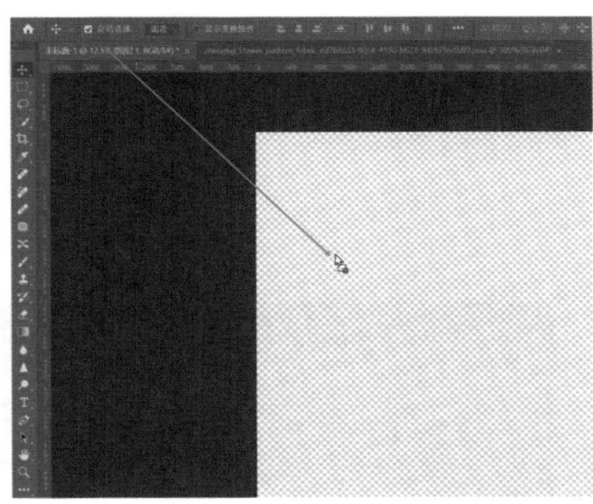

图 12-7

之后，继续使用选择工具，将图案图片拖动到空白文档的左上角，在空白文档上方和左侧会出现粉色的提示线，这表示上方和左侧已对齐边线，如图12-8所示。

之后按住Alt键，将第一张图片向右拖动，这样可以复制出一个新的图案。将新复制的图案向右拖动，待第2张图片左侧和上方出现粉色的提示线时，表示已经对齐，然后松开鼠标左键，这样就拼出了两个图案，如图12-9所示。

图 12-8

图 12-9

用同样的方法，我们可以拼出8个图案，可以看到这些图案是无缝拼接的，如图12-10所示。

接下来，我们可以继续使用同样的方法进行图案的复制和拼接。如果我们要处理非常多的图片，还可以在右侧的图层面板中，按住Ctrl键分别单击上方的图层，将这些图层全部选中，然后在某个图层的空白处单击鼠标右键，在弹出的菜单中选择“合并图层”，如图12-11所示。注意是“合并图层”，不要选择下方的“拼合图像”，这样就确保只拼合上方复制的这些图层，而不拼合我们创建的空白文档。

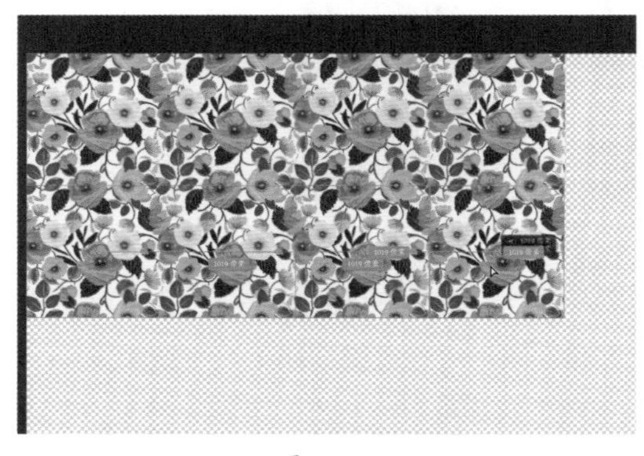

图 12-10

图 12-11

之后我们再次按住Alt键，拖动上方拼合在一起的图片进行复制，这样可以一次复制8个拼合在一起的小图片，效率更高，而不需要进行频繁的对齐，如图12-12所示。

得到我们想要的效果之后，在左侧的工具栏中选择裁剪工具，裁掉四周没有内容的空白部分，只保留有图案的部分，如图12-13所示。

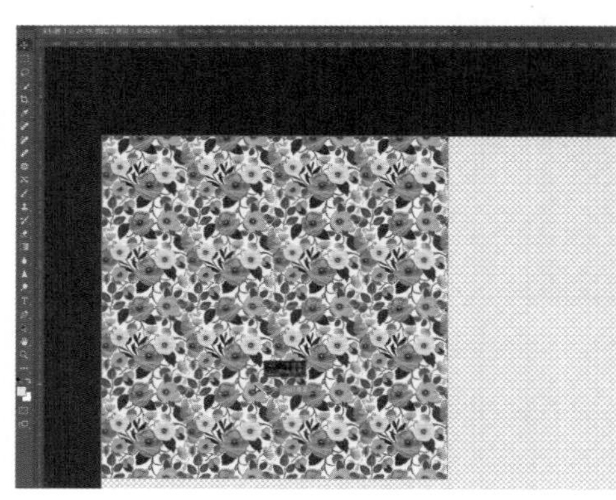

图 12-12

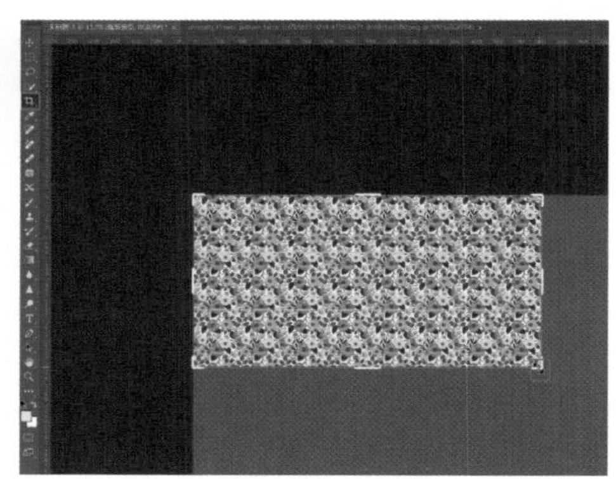

图 12-13

在图层面板中右击某个图层的空白处，在弹出的菜单中选择“拼合图像”，如图12-14所示，这样可以将所有的图像拼合起来，再将图片保存就可以了。

最后，我们就得到了一个无缝拼接的，可以用于制作壁纸、桌布、地毯等的图案，如图12-15所示。

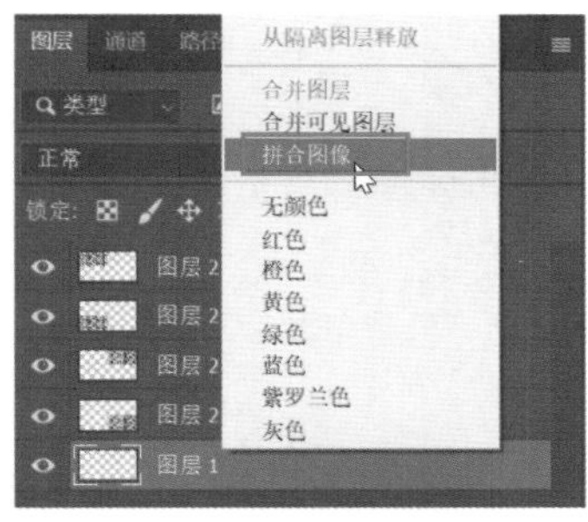

图 12-14

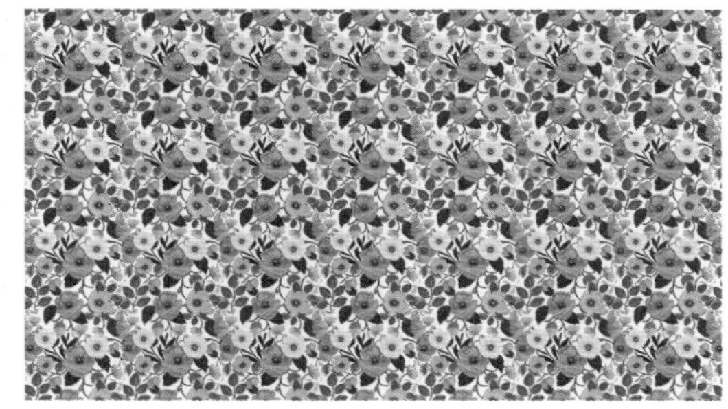
图 12-15

12.2 处理AI换脸产生的瑕疵

下面我们来讲解如何借助Photoshop处理AI换脸产生的瑕疵。

图12-16～图12-18所示的3张照片，分别是我们想要换脸的照片、使用人物面部的照片，以及最终生成的AI换脸之后的照片。

图 12-16

图 12-17

图 12-18

放大AI换脸之后的照片，可以看到人物面部左右两侧鬓角位置不自然，如图12-19所示。之所以有这种情况，是因为我们所使用的素材图片像素不够。这时我们就可以借助Photoshop对这种瑕疵进行处理。

首先我们将原始照片与AI换脸之后的照片都拖入Photoshop。在工具栏中选择移动工具，按住Shift键将换脸之前的照片拖动到换脸之后的照片标题上，如图12-20所示，不要松开鼠标左键，这时会切换到换脸之后的照片，如图12-21所示，将换脸之前的照片拖动到换脸之后的照片上，再松开鼠标左键。

这样，换脸之前的照片会完全覆盖住换脸之后的照片。

图 12-19

图 12-20

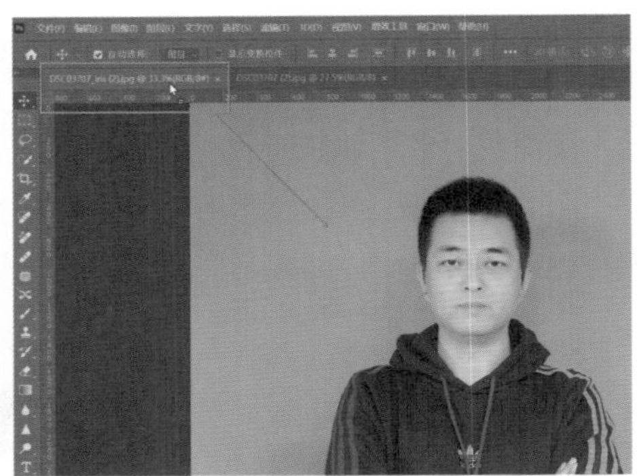

图 12-21

提示：之所以按住Shift键拖动，是因为可以让两张照片对齐。

此时在图层面板中，可以看到两个图层，下方的背景图层对应的是换脸之后的照片，上方的图层对应的是换脸之前的照片，如图 12-22 所示。

图 12-22

之后按住Alt键，单击图层面板下方的“创建图层蒙版”按钮，可以为上方的图层创建一个黑蒙版，黑蒙版的作用是遮挡，它遮挡的是所附着的图层，也就是说这个黑蒙版就遮挡住了上方的原始照片。从左侧的照片可以看出露出的是下方的换脸之后的人物，如图12-23所示。

在工具栏中选择画笔工具，将前景色设为白色，将画笔的边缘调为柔性边缘，将画笔的不透明度和流量都设为100%，此时在英文输入法状态下，可以按[和]键调整画笔直径，如图12-24所示。

图12-23

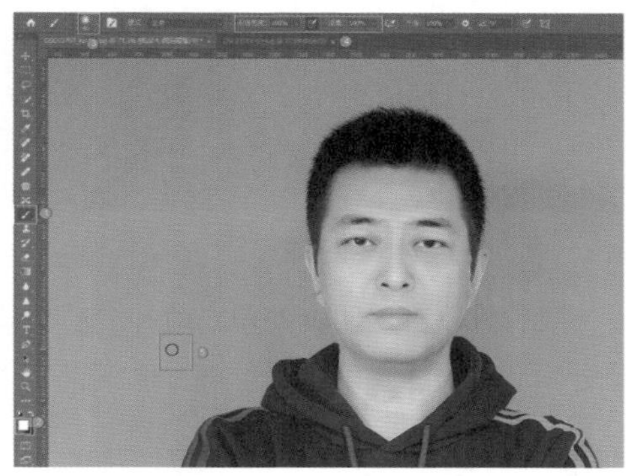

图12-24

将画笔直径调整到合适的大小之后，移动到人物的鬓角位置进行涂抹。由于是白色的前景，这样操作可将涂抹的这些位置变白，黑蒙版变白的这些区域就不会遮挡所附着的原始照片的对应部分了，这样就显示出了原始照片的人物鬓角位置，如图12-25所示。即借助原始照片没有瑕疵的鬓角，遮挡住了AI换脸之后有瑕疵的人物的鬓角。利用同样的方法在人物另一侧的鬓角位置进行涂抹，如图12-26所示。

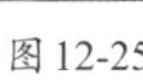

图12-25

图12-26

之后可以稍稍降低画笔的不透明度和流量，在其他有瑕疵的位置稍稍涂抹一下，弱化换脸之后产生的瑕疵，如图12-27所示。这样我们就修好了AI换脸之后的照片。

完成上述操作后，右击背景图层的空白处，在弹出的菜单中选择“拼合图像”，如图 12-28 所示，将处理之后的照片保存就可以了。

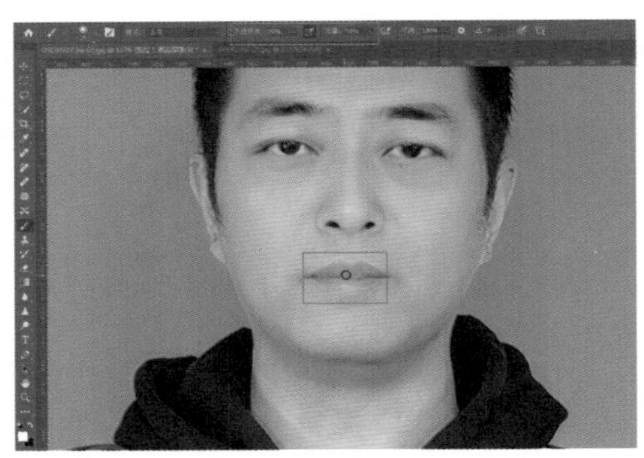

图 12-27

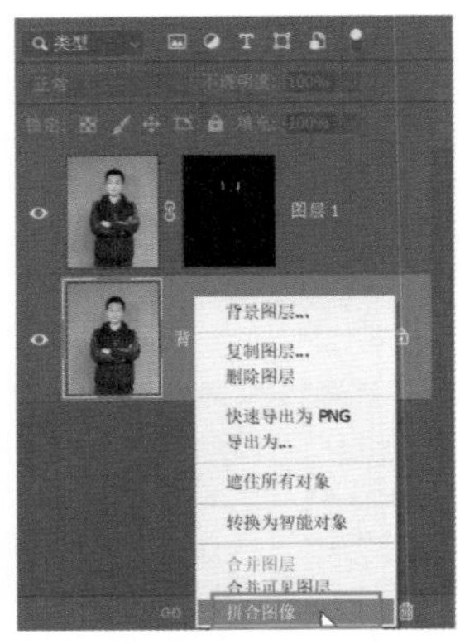

图 12-28

最后可以对比瑕疵处理之前和之后的效果，如图 12-29 和图 12-30 所示。可以看到处理之后，人物的鬓角位置不再有瑕疵。

图 12-29

图 12-30

12.3 为 AI 换脸照片调色

AI 换脸之后，人物的肤色可能与画面整体的风格不是很协调，这时我们可以在 Photoshop 中对换脸之后的照片进行调色，让整体的效果更理想。

对比人物换脸之前和之后的照片，如图 12-31 和图 12-32 所示，可以看到换脸后人物的面部整体变得不够红润，饱和度有些低，这时我们可以在 Photoshop 当中对这张照片进行调色。

将换脸之后的照片拖入 Photoshop 打开，如图 12-33 所示。

图 12-31

图 12-32

单击图层面板右下角的“创建新的填充或调整图层”按钮，在打开的菜单中选择“曲线”命令，如图12-34所示，这样可以创建一个曲线调整图层，并打开曲线调整面板。

图 12-33

图 12-34

在打开的曲线调整面板中选择蓝通道，选中蓝色曲线向下拖动，如图12-35所示，可以增加画面中的黄色（这是由色彩的互补规律决定的，感兴趣的读者可以看一下三原色叠加的原理）。之后切换到红通道，向上拖动红色曲线，如图12-36所示，可以为画面添加一定的红色。

图 12-35

图 12-36

此时，虽然画面整体的色彩不是很理想，但人物面部肤色效果好了很多，我们想要的就是让人物的面部色彩变得合理。

之后，按Ctrl+I组合键，对蒙版进行反相，将蒙版变为黑色，如图12-37所示。之前我们讲过，黑蒙版可以遮挡所附着图层的调整效果，那此时的曲线调整效果就被黑蒙版遮挡了起来。

图 12-37

在图层面板中选中黑蒙版，然后在工具栏中选择画笔工具，将前景色设为白色，将画笔的边缘设定为柔性边缘，适当地降低不透明度和流量，然后在人物面部涂抹，如图12-38所示。

图 12-38

这样就可以让人物面部受蒙版中白色的部分影响，显示出曲线调整的效果，人物面部就会变得比较红润、好看。

此时发现人物的面部还不够明亮，因此我们还可以双击图层面板中的曲线图标，再次展开曲线调整面板，如图12-39所示。稍稍向上拖动RGB曲线，这样可以提亮人物面部，如图12-40所示。

图 12-39

图 12-40

此时向上拖动曲线，因为调整效果被黑蒙版遮挡了起来，只有人物的面部没有被黑蒙版遮挡，所以变亮的不是全图而只是人物面部。

这样，我们就完成了这张照片的调色。

图 12-41 和图 12-42 所示为调色之前与调色之后的效果对比，可以看到调色之后，人物面部的效果还是比较理想的。

图 12-41

图 12-42

12.4 照片与AI素材合成

下面我们讲解如何借助Midjourney生成的素材图片，与我们实际拍摄的照片进行合成，从而得到更好的摄影作品。

首先打开自己拍摄的一张照片，如图 12-43 所示，可以看到这是一张天坛的雪景照片，画面的左上角有些空，导致画面缺乏灵动和生机。针对这种情况，我们可以根据自己的认知，借助Midjourney生成喜鹊的素材，如图 12-44 所示，然后将生成的喜鹊合成到照片中。

图 12-43

图 12-44

注意，我们要合成的底图是阴天雪景，所以在生成素材时，要使背景为阴天。生成素材后，放大想要使用的右上角第2张图片，然后将这张图片拖入Photoshop。

之后单击“选择”菜单，选择“主体”命令，如图12-45所示，这样可以快速为图片主体也就是这只喜鹊创建选区。然后在工具栏中选择移动工具，将喜鹊拖入我们准备好的底图，如图12-46所示。由于喜鹊素材图片中存在选区，所以我们拖动时，移动的就是选区之内的部分，而不是整张图片。

图 12-45

图 12-46

将喜鹊拖入雪景底图之后，可以看到，照片左上角显得不那么空洞了，画面也多了一些生机和活力。

拖入的喜鹊过于清晰，它与原照片有些朦胧的质感不匹配，所以我们稍稍降低喜鹊的不透明度，这样喜鹊与背景照片会显得更协调，如图12-47所示。

再次观察，我们发现喜鹊的色彩有些发灰、发暖，而背景是冷色调的，所以我们可以单击图层面板右下角的“创建新的填充或调整图层”按钮，在打开的菜单中选择“曲线”，如图12-48所示，这样可以创建一个曲线调整图层，并打开曲线调整面板。

图 12-47

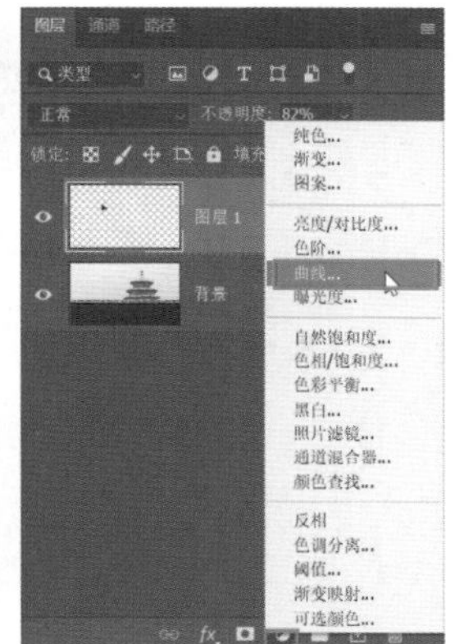

图 12-48

在曲线调整面板底部单击“剪切到图层”按钮，如图12-49所示，这样可以确保我们创建的调整图层只影响到它下方的这个喜鹊图层。

对这个喜鹊图层进行简单的调色和明暗调整，向上拖动蓝色曲线，向下拖动红色曲线，这样喜鹊会偏青蓝色；向上拖动RGB曲线，提高这只喜鹊的亮度，这样喜鹊就与画面整体的格调更协调、更匹配了，如图12-50所示。

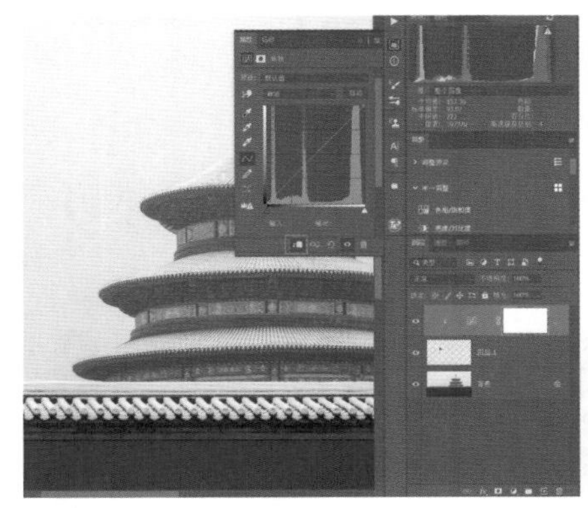

图 12-49

图 12-50

当前的喜鹊有些大，我们可以在图层面板中选中喜鹊图层，然后按Ctrl+T组合键，将鼠标指针移动到变换线上，拖动右上角向内收缩，可以缩小喜鹊，如图12-51所示。之后将鼠标指针移动到变换线的一个角上，拖动旋转喜鹊的角度，如图12-52所示。

经过调整，这只喜鹊的大小、位置和方向就与整个画面的构图协调了起来。

调整完成之后，按Enter键完成喜鹊的变换，最后在图层面板中右击某个图层的空白处，在弹出的菜单中选择“拼合图像”，如图12-53所示，将图层拼合起来。

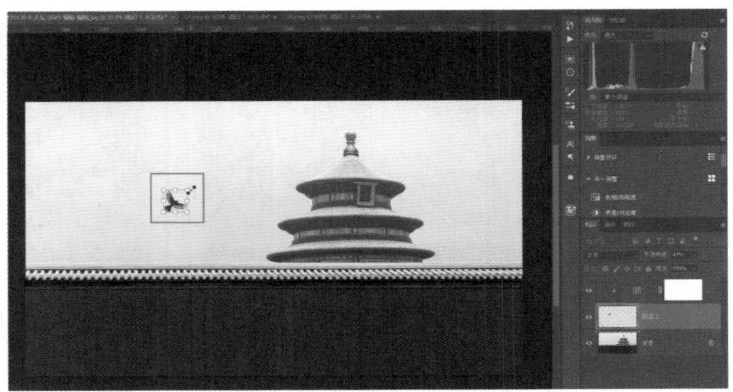

图 12-51

图 12-52

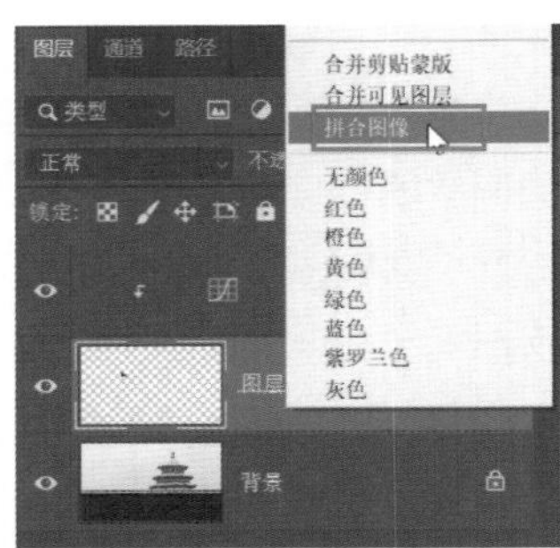

图 12-53

这样，我们就完成了这张照片元素的合成。

最后我们可以对比合成前后的画面，如图 12-54 和图 12-55 所示，可以看到添加喜鹊素材之后，画面变得更灵动。

图 12-54

图 12-55

本案例的调整是比较简单的，我们提供的只是一种思路，即借助Midjourney快速生成素材，然后与底图进行合成，从而得到自己想要的画面。

实际上，需要借助Midjourney生成素材的情况和场景是非常多的。比如说，我们可以借助Midjourney生成绿幕、蓝幕背景的人物、动物等素材，如图12-56所示，然后快速地将其合成到底图中，从而得到我们想要的画面。

图12-56

12.5 AI产品设计与Photoshop的协作

我们可以借助Midjourney进行产品造型设计，如服装的造型设计等，甚至产品上面的图案也可以借助Midjourney进行设计。但很多时候我们需要设计的只是产品款式、产品的装饰性图案等，如果想要进行自定义，那么这时就可以借助Photoshop进行合成处理。

下面通过具体的案例来看这种设计思路。

首先我们在Midjourney中生成一组比较干净、图案很少甚至没有的卫衣图片，如图12-57所示。然后将想要放在衣服上的图案也准备好，这里我们想使用的是图12-58所示图片左上角的第1个图案。

图12-57

图 12-58

接下来，我们在Photoshop中选择裁剪工具，裁掉我们不想使用的服装款式，只保留左下角的这张图片。确定保留区域之后，单击上方选项栏中的“完成裁剪”按钮，如图12-59所示。

图 12-59

用同样的方法，裁掉我们不想使用的图案，保留想使用的左上角第1个图案，如图12-60所示。

之后在工具栏中选择移动工具，将图案拖动到服装图片上，如图12-61所示。由于图案比较大，遮挡住了下方的服装图片，在图层面板中可以看到上方是图案，下方是服装图片，如图12-62所示。

图 12-60

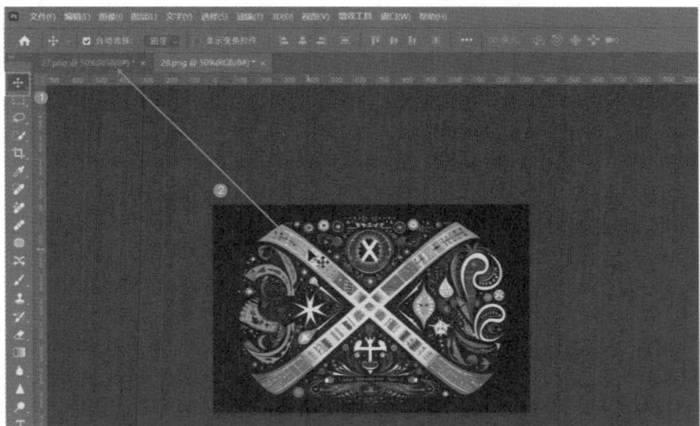

图 12-61

图 12-62

选中上方的图案图片，按Ctrl+T组合键，缩小图案，如图12-63所示。将图案拖动到合适的位置，然后按Enter键，完成变形以及位置的移动，如图12-64所示。

图12-63

图12-64

此时，依然存在两个问题：第一，图案存在黑色的背景，需要去掉；第二，两条垂下的帽绳被遮挡住了，需要将其恢复。

这时我们可以在图层面板中双击上方的图案图层图标，打开“图层样式”对话框，如图12-65所示。

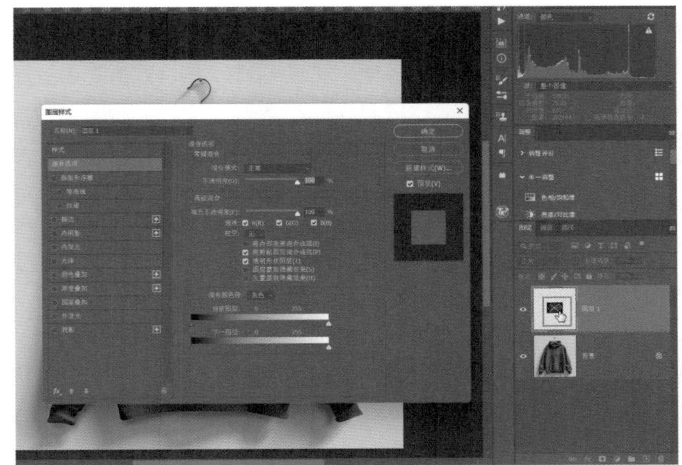

图 12-65

在“图层样式”对话框中找到“当前图层”灰度条，然后向右拖动灰度条左侧的深色滑块，滑块左侧比较暗的部分（对应图片中较暗的部分）会从图片中消除，图案背景是黑色的，所以这些黑色的部分就被消除了，只保留相对明亮的部分，可以看到此时图案中的黑色背景已经没有了，如图12-66所示。

图 12-66

当前的黑色背景被消除之后，图案的线条边缘与背景的过渡不够理想，这时我们可以按住Alt键，拖动深色的三角滑块，将这个三角滑块分离为两个小滑块，两个小滑块之间对应的是被消除的黑色背景到未被消除的明亮部分的过渡区域。这个过渡区域可以让图案线条与背景之间的过渡自然、平滑。调整完毕后单击“确定”按钮，这样我们就消除了背景，如图12-67所示。

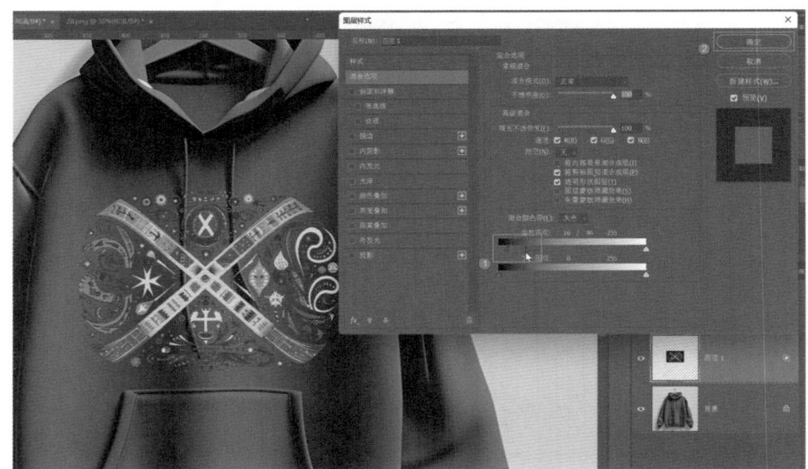

图 12-67

如果感觉图案的颜色有些浅，我们还可以将上方图层的混合模式改为“强光”，如图 12-68 所示。

图 12-68

这里需要注意的是，针对这张图片我们将图层混合模式改为强光，但是针对其他素材，有可能需要设定其他的图层混合模式才能得到更好的图案显示效果。

接下来我们解决第二个问题，露出帽绳。此时我们可以单击上方图案图层前的小眼睛图标，隐藏图案图层，图案也就不再显示；选中下方的背景图层，也就是服装这个图层；在工具栏中选择钢笔工具，借助钢笔工具勾选出左侧的绳子线条，如图 12-69 所示。

图 12-69

用同样的方法勾选出右侧的绳子线条，如图12-70所示。

图 12-70

此时可以按Ctrl+Enter键，将钢笔线条转换为选区，然后在工具栏中任意选择一种选区工具，之后在选区内单击鼠标右键，在弹出的菜单中选择“羽化”，如图12-71所示。在打开的“羽化选区”对话框中，将“羽化半径”设为0.5，这样可以让选区边缘更平滑，然后单击“确定”按钮完成选区边缘的羽化，如图12-72所示。

要注意，羽化半径要根据不同图片的像素来设定，因为当前的图片的像素比较低，所以我们这里设定的羽化半径比较小；如果像素比较高，那么有可能羽化半径要设定为1、2、3等。

单击上方图案图层左侧的小眼睛图标位置，显示出上方的图案图层，然后选中上方的图案图层，再按Delete键，这样就可以将上方图层被选区勾出来的部分删掉，从而露出下方的帽绳，如图12-73所示。

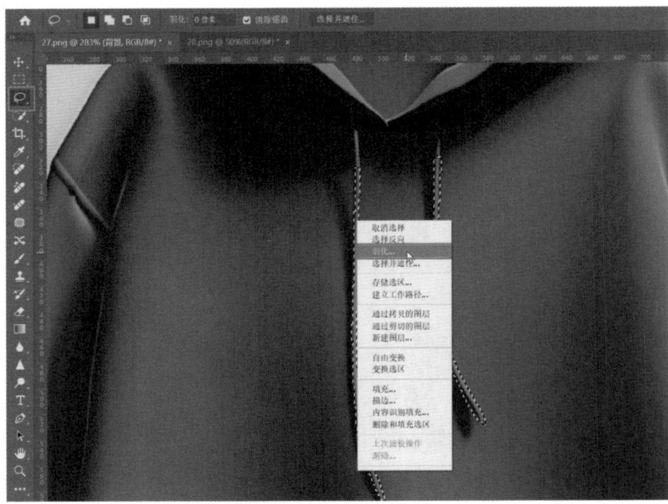

图 12-71

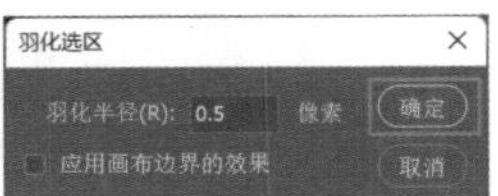

图 12-72

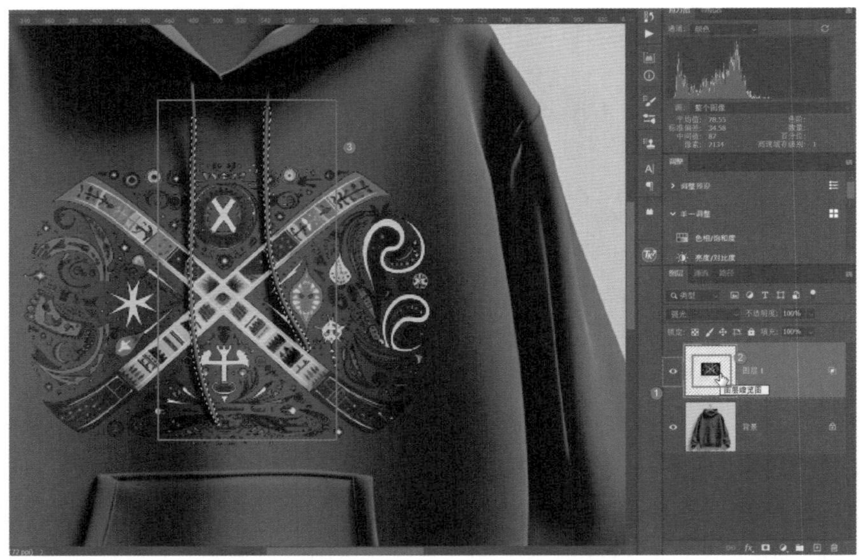

图 12-73

按Ctrl+D组合键取消选区，最终露出了帽绳，得到了比较好的效果，如图12-74所示。

此时如果感觉上方的图案色彩过于鲜亮，还可以选中上方的图案图层，稍稍降低图层的不透明度，让图案与画面整体的色调、影调更协调，如图12-75所示。

对比原图片与合成之后的图片，如图12-76和图12-77所示，可以看到我们借助Midjourney和Photoshop完成了非常完整的服装造型与图案设计的工作。

图 12-74

图 12-75

图 12-76

图 12-77